KB220647

한 달의 오사카

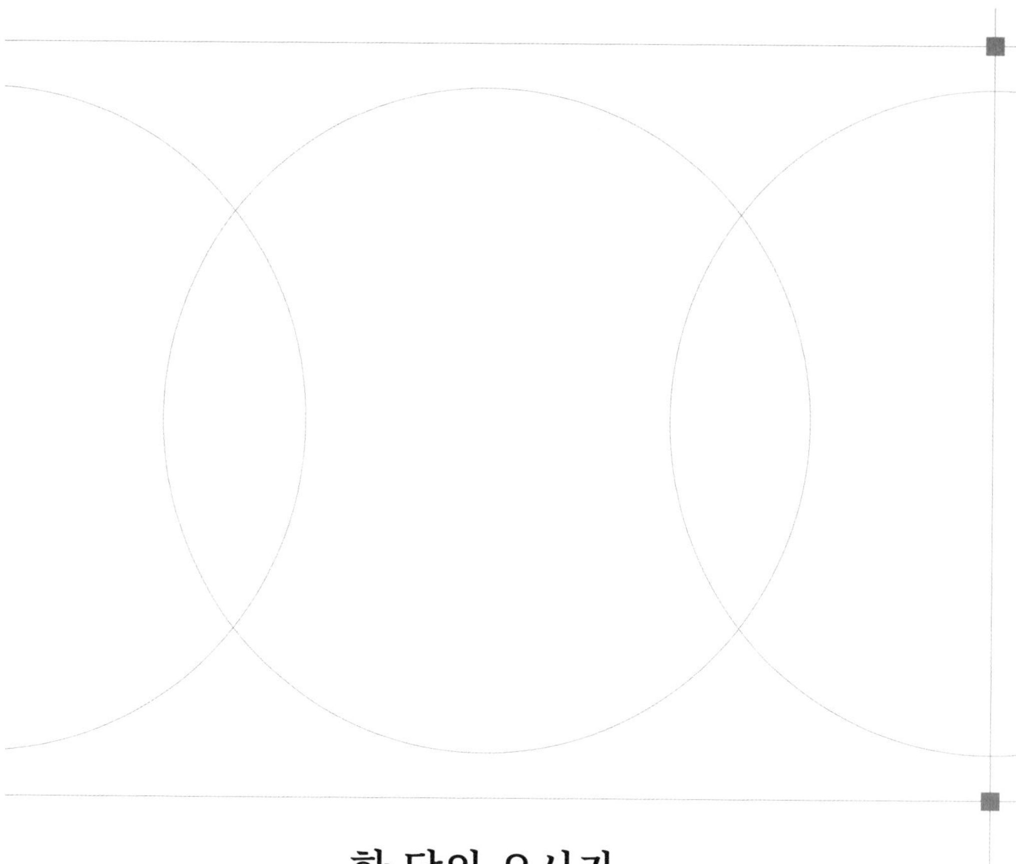

한 달의 오사카

나를 찾아 떠난 일본 여행 이야기

김에녹 지음

세나북스

프롤로그

다니던 직장에서 퇴사하고 몇 개월이 흘렀다. 무슨 일을 해야 할지 몰라 불안했다. 살아가며 '나'라는 사람이 누구인지는 그렇게 중요하지 않았다. 어차피 누구나 생각하는 괜찮은 인생이라는 건 정해져 있다고 생각하며 30년을 넘게 살아왔다.

20대에 끝냈으면 좋았을 방황은 30대 막바지에 이르러 시작되었다. 방황의 주제는 '나'였다. 내가 누구인지, 어떤 사람인지, 어떻게 살아가야 할지 고민했다. 확실한 건 "더는 살던 대로 살지 않겠다"라는 다짐이었다. 기왕 정해진 대로 살지 않기로 결심했으니, 한번 자유롭게 살아보고 싶었다.

무엇을 하고 싶은지 계속 탐색했다. 무난한 방법부터 시작했다. 책을 읽고 강의를 들었다. 공통적인 메시지가 있었다.

"글을 쓰고 기록하라."

블로그에 글을 쓰기 시작했다. 일상에서 관찰하고 느낀 바를 하루하루 써 내려갔다. 사진을 찍는 일도 좋아졌다. 그동안 하늘 한번 제대로 보지 않은 채 앞만 보고 살아왔던 나는, 아름다운 일상이 주변에 늘 있었다는 걸 사진을 찍으며 처음 깨달았다.

글을 쓰고 사진을 찍으며 할 수 있는 일이 무엇일지 고민했다. 모든 아이디어는 무언가를 간절히 고민하던 중에 갑작스레 떠오르기 마련이다. 문득 여행을 다니며 글을 쓰고 사진을 찍어 사람들에게 보여주고 싶어졌다. 직장인으로 살아온 지난날에는 단 한 번도 생각조차 해

보지 않은 일이다. 평소에도 일상을 기록하고 사진을 찍고 있었기에 잘할 수 있지 않을까 생각했다. 처음으로 '해야 하는 일'이 아닌, '하고 싶은 일'이 생긴 순간이었다. 심장이 쿵쾅거리기 시작했다.

이 책은 '나를 찾아 떠나는 여행기'다. 계획적으로만 살아왔던 내가 무계획 여행 속에 나를 내던졌다. 특별한 일정은 계획하지 않았다. 매일 아침 "오늘 어디 가서 뭐 하지?" 하는 마음으로 문을 나섰다. 어차피 삶이라는 긴 여행도 계획대로 되지 않는 마당에, 고작 한 달 정도는 계획대로 살지 않아도 된다는 확신을 얻고 싶었다.

오사카에 한 달을 머무르는 동안 되도록 다양하고 새로운 환경에 나를 노출했다. 그동안은 잘 가보지 않았던 곳에 가고 해보지 않았던 것을 하려 했다. 그 속에서 내가 어떤 사람인지 알아가고 싶었다. 이 책에는 그러한 과정을 기록한 에피소드들을 담았다.

'무계획'이라는 계획 속에 단 하나의 '계획'이 있다면 최대한 '현지인처럼' 지내는 것이었다. 한국인이 가장 좋아하고 많이 방문한 해외 여행지 오사카인 만큼 뻔한 오사카는 경험하고 싶지 않았다. 되도록 관광지에서 벗어나 일본 현지인들이 살아가는 삶에 깊숙이 들어가고 싶었다.

오사카는 '서울시 오사카구'라고도 불릴 만큼 한국인이 가장 즐겨 가는 해외 여행지다. 오사카 하면 무엇이 떠오르는가. 두 팔을 번쩍 들고 있는 도톤보리의 글리코 상, 도요토미 히데요시의 오사카성,

오사카의 명물이라는 타코야끼와 쿠시카츠 등이 떠오른다. 오사카를 여행하는 목적도 제각각이다. 미식의 도시 오사카에서 맛집을 찾아다니기도 하고 도쿄보다 항공권 가격이 저렴하고 가깝다는 이유로 오사카를 선호하기도 한다.

하고많은 일본의 도시 중에 오사카를 고른 이유를 묻는다. 우선 오사카는 내가 가장 많이 가본 도시다. 보통 해외여행을 가면 한 번 가본 도시는 그다음에 쉽사리 다시 안 가게 된다. 그곳 말고도 가볼 다른 도시들이 많기 때문이다. 그러나 오사카는 달랐다. 이번 한 달 살기 이전에도 이미 네 차례 오사카에 방문했다. 그동안 세계 30여 개 도시를 여행 다녔지만, 한 도시에 여러 번 가보는 건 오사카가 유일했다. 오사카는 매번 갈 때마다 새로운 매력이 보이는 도시였다.

사실 그보다 더 중요한 이유는 오사카에 1년 동안 워킹홀리데이를 하러 먼저 떠난 나의 연인 경서 때문이었다. 경서와 함께하기 위해 오랜 기간 오사카에 머무르고 싶었지만 스스로 명분이 필요했다. 여행을 다니며 글을 쓰는 일은 그 명분으로 충분했다. 혼자라면 가끔 외로웠을지도 모를 한 달의 오사카 생활은 경서 덕분에 훨씬 다채롭고 풍요로워졌다.

보통 2박 3일에서 4박 5일 정도로 떠나는 짧은 오사카 여행 기간에는 쉽게 경험하기 어려운 이야기를 책에 담으려 노력했다. 아사히, 기린, 산토리로 대표되는 일본의 3대 맥주 공장 투어에 다녀왔고, 오사카 연고 야구팀인 한신 타이거스나 축구팀인 세레소 오사카의 경기를 관람하기도 했다. 4월 초 벚꽃이 만개하는 시즌에 오사카에 간 덕분에 일주일 동안은 오사카와 교토의 벚꽃 명소를 두루 섭렵할 수 있었다.

피상적인 경험뿐만 아니라 기회가 되는 대로 현지인들과 자주 어울리고자 했다. 말은 잘 통하지 않아도 표정과 몸짓을 통해 그들과 마음을 나누었다. 길거리나 식당에서 우연히 만나는 일본인들과도 기회가 되는대로 짧게나마 소통했다. 그렇게 조금씩 일본 사람들과 그들의 문화에 대해 조금씩 알아가게 된 건 이번 여행이 남긴 의미 있는 성과다.

책의 중후반부터는 오사카 남부 와카야마현의 시라하마, 그리고 오사카 북서부 지역의 소도시 히메지, 오카야마, 구라시키에 다녀온 이야기를 담았다. 오사카에서 버스나 기차로 짧게는 한두 시간, 길어도 서너 시간이면 갈 수 있는 곳들이다. 도시미(美) 가득한 오사카를 벗어나니 여유롭고 한적한 소도시의 매력에 흠뻑 빠졌다. 그곳에서 나는 무엇을 보고 느꼈을까. 이 책에서 가장 전하고 싶은 메시지를 담은 부분이니 끝까지 함께하여 주시기를 부탁드린다.

2024년 4월 3일에 일본 오사카에 입국하여 2024년 5월 8일에 한국으로 돌아왔다. 5주, 즉 35일하고 하루를 더한 36일간의 여정이다. 여전히 맛보기에 불과할 수밖에 없는 짧은 일정이지만 하루하루를 꾹꾹 눌러 담듯 성실하게 지냈다. 계획 없는 한 달 살기를 하러 갔지만, 원칙은 세웠다. 하루 평균 1만 보 이상은 무조건 돌아다니자. 하루에 두 군데 이상은 꼭 둘러보자. 사진 촬영과 현장 취재에 최선을 다하자.

출국하는 날 공항으로 가는 버스에서조차도 나의 기분은 설렘 반, 걱정 반이었다. 설렘은 그렇다 치고 이렇게 무턱대고 가는 게 맞는 걸까 하는 걱정이었다. 그 걱정은 어떻게 바뀌었을까. 한 달의 오사카는 나에게 어떤 의미였을까. 이제 그 여정에 함께 하기를 바란다.

김에녹

Contents

나를 찾아 떠난 오사카에서 만난 사람들

그리고 일본 문화 이야기

검정 슈트를 입은 일본인의 정체

입국

간사이 국제공항에서 오사카 시내로 들어가기 위해 난카이 급행열차를 탔다. 또 다른 급행열차인 라피트에 비해 난카이 급행열차는 가격이 저렴하고 이동시간은 크게 차이 나지 않아 현지인들이 즐겨 탄다. 라피트를 타면 왠지 여행객이라는 딱지를 붙이고 다니는 것 같다. 함께 타는 사람들도 죄다 캐리어를 끌며 두리번거리는 관광객들이다. 뒤섞여 알아들을 수 없는 말에는 한국어도 종종 들린다.

반면 난카이 급행열차를 타면 분위기가 사뭇 다르다. 관광객보다는 현지인들이 대부분이다. 창밖을 두리번거리고 사진을 찍기보다는 가만 앉아서 책을 보거나 눈을 감고 있다. 그 모습을 보며 일본에 왔다는 걸 실감한다. 오사카에 와서 조금이라도 먼저 현지 분위기를 느끼고 싶을 때면 난카이 급행열차를 이용하는 편이다.

열차를 타고 창밖을 바라보니, 마을 곳곳에 만개 직전의 분홍빛 벚꽃이 보인다. 우리는 종종 낙관적이고 희망 가득한 앞날에 '핑크빛 미래'라는 말을 쓴다.

한국의 현실에서 떠나 한 달 살기를 하러 온 내 기분도 그러하다. 벚꽃을 보고 설렌다. 아침까지만 하더라도 반신반의했던 이번 한 달 살기가 꽤 괜찮을 것 같은 '핑크빛' 기대가 생겼다.

난카이 급행열차에 새까만 정장을 입은 무리가 삼삼오오 타기 시작했다. 신입사원들이다. 4월에는 상당수 일본 회사가 신입사원 입사와 교육을 진행한다. 그리고 신입사원 교육 기간에는 검은색 정장과 흰색 셔츠를 입어야 하는 게 일본 직장인 사회의 암묵적 규칙이다. 짙은 남색이나 회색 조가 전혀 들어가지 않은, 우리나라에서는 장례식장에서나 입을 법한 새까만 정장과 새하얀 셔츠다. 일본에서는 이걸 '리크루트 슈트'라 부른다.

2013년 오사카에 처음 왔을 때 잠시 길을 잃은 적 있다. 지나가던 직장인에게 길을 물었다. 그도 새까만 정장을 입고 있었다. 우연히 마주한 그는 한국어를 조금 할 줄 아는 일본인이었다. 이때다 싶어 그에게 궁금했던 걸 물어봤다.

"그런데 일본에서는 왜 이렇게 다들 새까만 정장을 입고 다니는 거예요?"

그는 멋쩍어하며 대답했다.

"아, 제가 신입사원이라서요."

새까만 정장을 입고는 수다를 떠는 일본 신입사원들의 표정에서

십여 년 전 내 신입사원 시절 모습이 떠올랐다. 백여 명의 동기들과 함께 가슴팍엔 회사 로고가 새겨진 사원증을 걸고 다니며 사회 구성원이 되었다는 자부심으로 가득했다. 일본처럼 새까맣지는 않지만 짙은 남색이나 회색 계열의 정장을 입고, 흰 드레스 셔츠에 붉은색 또는 푸른색 계열의 넥타이를 매고, 검은색 또는 갈색 계열의 구두를 신고는 "직장인이라면 으레 이렇게 입어야지."라며 나 자신을 규정하며 살았던 시절이다.

직장인으로 살면서 10년 뒤 내 모습을 가끔 그려 보고는 했다. 여전히 정장과 셔츠를 매일 입고 다니는, 직급은 과장 정도 되었을 직장인의 모습이다. 그런데 지금 나는 어떠한가. 직장인이었다면 1년 중 가장 바빴을 4월의 어느 평일, 헐렁한 청바지와 더 헐렁한 티셔츠를 입고 편한 운동화에 축 늘어진 백팩 하나 매고는 아무 계획 없이 한 달 동안 지내보겠다고 오사카에 왔다. "사람 인생 알 수 없구나."라는 뻔한 말을 떠올리며 숨을 한 번 크게 들이마셨다. 그렇게 신입사원들과 함께 오사카 도심으로 가는 열차에 몸을 맡겼다.

• 취업 교복, 리쿠르트 슈트

일본의 취준생들은 예외 없이 리쿠르트 슈트를 입는다. 일본에서 리쿠르트 슈트가 처음 등장한 건 1970년대다. 1976년, 대학생활협동조합에서 백화점과 함께 취업용 정장을 특설 판매했다. 반응이 좋자 이듬해 다른 백화점들도 줄지어 판매를 시작한 것이 리크루트 슈트의 시작이다.

사실 이 복장 규정은 정해진 건 아니다. 그러나 튀지 않게 입으려는 취준생과 신입사원들 간의 암묵적인 룰이다. '동조화', '집단주의' 등으로 불리는 일본 사회의 또 다른 면모다.

'아오야마'나 '아오키', '하루야마' 같은 기성복 브랜드에서는 아예 리크루트 슈트 세트가 나온다. 정장 상의와 바지에, 셔츠와 타이, 양말, 벨트, 가방까지 나오는 세트다.

오사카, 어디까지 가봤니?

나카노시마, 기타하마

서울에는 한강 강줄기를 둘로 나누는 여의도라는 섬이 있다. 오사카에도 이와 같은 섬이 하나 있으니 바로 '나카노시마'다. 좌우 길이가 3km 정도 되는 가늘고 긴 섬으로 여의도의 9분의 1 정도 크기다. 북쪽으로는 '도지마가와', 남쪽으로는 '토사보리가와' 사이에 있다. 일본어로 '시마(しま)'는 섬을, '가와(カワ)'는 강을 뜻한다. 남쪽 토사보리가와 아래 강변을 따라서는 강 주변 경치를 감상할 수 있는 예쁜 카페들이 들어서 있는 '기타하마'가 있다.

나카노시마와 기타하마에 처음 간 건 오사카에 도착한 다음 날이다. 한 달 살기의 첫 공식 일정이다. 첫날부터 어디 갈지 정하지 못하고 방황하던 나에게 경서는 자신이 이전에 혼자서 다녀왔던 나카노시마를 추천했다.

이번 한 달 살기는 경서의 적극적인 권유로 시작되었다. 경서는 오사카에 사는 나의 가장 가까운 친구이자 연인이다. 그녀는 친구들 사이에서 유명한 일본 애니메이션 덕후이자 캐릭터 덕후다. 일본을 너무 좋아해서 한국에서도 수년간 일본어 실력을 키워왔다. 주말에 뭐하냐고 물으면 "나 방구석에서 애니 봐!"라고 답하는 그런 친구다.

작년 가을, 경서는 더 나이 들기 전에 일본에서 1년만 살아보고 싶다며 한국에서 잘 다니던 회사를 그만두고 돌연 오사카로 떠났다. 경서의 그런 행보가 다 이해되지는 않았지만, 한편으로는 그 열정과 용기가 부러웠다. 어느 날 경서는 나에게 권했다.

"그렇게 고민되는 게 많으면 오사카에 와서 살아보는 건 어때? 우리 집에 머무르면서 한 달 정도 시간을 보내자. 혹시 모르잖아. 새로운 아이디어가 떠오를지."

만사에 낙천적인 경서다운 제안이었다. 그 덕에 나는 지금 나카노

시마에 와 있다.

나카노시마는 설레는 오사카 첫 일정에 딱 어울렸다. 고가도로와 곳곳에 보이는 일본어 표지판, 작은 경차들을 보며 일본에 와있음을 느꼈다. 유유자적 강물은 흐르고 사람들은 여유롭게 거닐고 있다. 강에는 유람선이 떠다닌다. 강 건너에는 푸른 잔디와 함께 깔끔하게 조성된 공원이 보인다. 세월의 흔적이 느껴지는 고풍스러운 몇몇 근대풍의 건물들과 현대적인 느낌의 고층 빌딩들이 함께 뒤섞인 모습이 조화롭다. 구시가지와 신시가지가 공존하는 느낌이다.

시선이 끌리는 대로 건물들을 하나씩 살피며 걸었다. 지하철 기타하마역에 내리면 가장 먼저 보이는 건물은 오사카시 중앙공회당이다. 붉은 벽돌의 외벽과 청동빛 돔 형태의 지붕을 보니 서울역 구청사가 떠올랐다. 일제 강점기로 근현대사를 보낸 우리나라이기에 동시

대에 지어진 건물이 비슷한 모습일 수밖에 없을 거라는 생각이 든다. 일본 근대 건축의 아버지라 불리는 다츠노 긴고(辰野金吾)가 오사카시 중앙 공회당을 설계했으며, 그의 수제자인 츠카모토 야스시(塚本靖)가 옛 경성역(지금의 서울역)의 설계를 맡았다고 하니, 두 건물의 생김새가 비슷할 수밖에.

그 옆에 있는 오사카부립 나카노시마 도서관으로 향했다. 120년도 넘은, 오사카 최초 도서관이다. 커다란 문을 열고 들어가니, 마치 영화 〈타이타닉〉의 연회장 입구가 떠오르는 멋진 계단과 난간이 보인다. 오래된 난간의 목재와 구석구석 해진 바닥의 대리석 자재는 세월의 흔적을 여실히 보여주면서도 고풍스러운 느낌을 자아내었다.

한때 서울도서관에 자주 다녔다. 서울시청의 옛 청사를 보존하여 공공도서관으로 활용하고 있는 곳이다. 서울도서관에 갈 때마다 서울의 근현대 역사 현장을 함께 하는 기분이 들고는 했다. 나카노시마 도서관 역시 그렇지 않을까. 오랜 시간 오사카 시민들의 사랑을 받으며 함께 해왔을 모습을 상상해 보았다.

바깥으로 나와 도서관 앞 난간에 잠시 걸터앉았다. 우리나라와 비슷하면서도 무언가 이국적인 풍경을 보니 오사카에 와있다는 게 실감이 난다. 분명 우리와 비슷한데 뭐가 달라서 이국적으로 느껴질까. 거리 이모저모를 살펴보았다. 문득 거리 곳곳에 세워진 자전거가 보였다. 그래. 일본 특유의 자전거가 주는 운치가 있었지.

거리에서 사람들이 타는 자전거를 유심히 관찰했다. 우리나라에서 많이 타는 로드용이나 MTB 같은 자전거가 아니다. 대부분 클래식한

느낌의 자전거를 타고 있었다. 핸들이 구부러져 있고 핸들 앞에 바구니가 달린 자전거 말이다. 바구니에 바게트라도 담아 다녀야 할 것 같은, 소위 '동네 마실 용' 자전거다. 이처럼 자전거 디자인 하나에도 일본만의 이국적인 느낌이 묻어난다.

비라도 오는 날에는 더욱 이색적인 풍경이 연출된다. 오사카 사람들은 비가 와도 아랑곳하지 않고 자전거를 곧잘 타고 다닌다. 한 손으로 우산을 들고는 한 손으로 자전거를 운전하는 기술이 다들 뛰어나다. 운전대에 우산꽂이를 만들어 우산을 쓰고 다니는 사람도 제법 보인다. 신기한 건 도쿄에서는 이게 불법이라는 사실. 오사카에서만 볼 수 있는 진풍경인 셈이다.

다시 길을 걸었다. 오래된 돌다리가 하나 눈에 띈다. '요도야바시'다. '바시'는 '다리(橋)'를 뜻한다. 나카노시마에서 요도야바시 역으로 건너가는 이 다리는 마치 유럽 소도시 작은 마을의 오래된 다리 같았다. 프라하의 카를교 같기도 하고 서울 동대문 앞 청계천을 건너는 작은 다리가 떠오르기도 한다. 아무튼 나카노시마의 고풍을 더해주는 운치 있는 다리다.

요도야바시를 건너 기타하마 쪽으로 갔다. 기타하마에는 강변을 따라 아기자기하면서도 세련된 느낌의 여러 카페가 있다. 그중 유독

통유리 너머로 멋진 강변 뷰가 펼쳐지는 '마운트'라는 카페에 들어갔다. 강줄기를 따라 강변북로와 올림픽대로가 들어선 서울의 한강과는 달리, 기타하마 강변에는 자동차 전용도로가 없이 곧바로 카페와 같은 건물들이 들어서 있다. 그래서 카페의 창가 자리에서는 오사카 도심과 나카노시마 섬의 풍경, 그리고 흐르는 토사보리가와 강이 어우러지는 모습을 보다 가까이 바라볼 수 있다.

생각해 보면 우리가 '한강 뷰'를 선호하는 이유는 단순히 한강에 흐르는 강물만 보고 싶어서는 아니다. 한강과 함께 보이는 수많은 빌딩과 한강 변의 도로를 따라 끊임없이 움직이는 자동차 등 서울의 도심 경관을 함께 볼 수 있기에 한강 뷰를 선호한다.

기타하마의 카페에서는 서울의 한강 뷰처럼 '나카노시마 뷰', 또는 '토사보리가와 뷰'가 가능했다. 저 멀리 보이는 오사카 우메다 도심 빌딩들의 스카이라인, 나카노시마의 고풍스러운 건물들, 공원에서 여유롭게 시간을 보내는 사람들, 그 앞을 유유자적 흐르는 강물까지 한눈에 들어왔다. 아까 보았던 중앙공회당과 나카노시마 도서관도 강 건너로 눈에 들어왔다. 이런 풍경을 볼 때 대체로 우리는 여유롭고 한적하다고 느낀다.

그동안 오사카 하면 매번 난바, 신사이바시, 우메다와 같은 관광지만 떠올렸다. 생각해 보면 우스운 일이다. 서울만 하더라도 갈만한 데가 얼마나 많은가. 명동, 강남, 홍대만 가고는 서울을 다 안다고 한다면 서울에 사는 사람으로서는 황당할 일이다. 이날 나카노시마와 기타하마를 통해 본 오사카는 그동안 알던 오사카와는 달랐다.

생각보다 한적하고 평화로운 분위기를 거듭 마주하며, 그동안 고작 몇 번 와봤던 오사카는 맛보기에 불과한 듯했다. 복잡한 난바와 우메다만 떠올리던 오사카에 대한 인식이 첫날부터 바뀌었다.

한 달 동안 오사카 곳곳에서 이러한 장소를 찾아내서, 나만의 오사카 명소를 만들어 가야겠다고 생각했다.

• 오사카의 시테섬, 나카노시마

1910~1930년대 오사카의 정치, 경제, 문화, 학술의 중심이었던 곳으로 고풍스러운 건물과 박물관, 공원, 미술관 등이 자리하고 있다. 오사카 사람들은 이곳을 파리 센강의 가운데 있는 시테섬과 비교하기도 한다.

"벚꽃 그게 뭐라고"라는 망언, 취소할게요

우쓰보공원, 오사카시 조폐국, 오사카성 니시노마루 정원

"우와! 지금 가면 벚꽃 시즌이잖아. 벚꽃 많이 보겠네. 좋겠다!"

4월 초에 오사카에 간다고 하니 다들 부러워했다. 겉으로는 "그러게."라고 답했지만, 속마음은 달랐다. "벚꽃 그게 뭐라고. 사람 많고 복잡할 텐데."라며 메마른 감성의 혼잣말을 되뇌고는 했다. 사실 한국에서도 그다지 벚꽃놀이를 즐기지 않았고 계절마다 한다는 물놀이니, 단풍놀이니, 눈 구경이니 하는 것들을 그다지 챙기지 않았다. 계절이 바뀌는 아름다움은 좋아하지만 인기 장소는 사람 많고 복잡해서 마음이 동하지 않았다.

그래도 4월에 일본에 왔으니 그 유명하다는 벚꽃을 원 없이 봐야겠다는 생각이 들었다. 때마침 오사카에 도착한 첫 주는 벚꽃이 만개하는 시기였다. 일주일 내내 벚꽃을 보러 다녔다. 여러 벚꽃 축제에서 수많은 벚꽃을 보며 알량했던 내 생각은 완전히 바뀌었다. 벚꽃은 꽤

진심을 쏟을 만했다.

퇴근하는 경서를 만나러 기타하마에서 나가호리바시로 걸어가던 중이었다. 시간이 조금 남아 구글 지도에서 가는 길에 들를 만한 곳이 있는지 찾아보았다. 우쓰보 공원이라는 큰 공원이 있었다. 벚꽃잎이 무성히 드리워 있었고 공원의 벤치들이 빛바래진 걸 보니 꽤 오래된 공원 같았다.

평일 오후 서너 시 정도였는데 공원에는 정장을 입은 직장인들이 벚나무 아래 돗자리를 펴고 삼삼오오 모여 캔맥주와 간식거리를 먹고 있었다. 새파란 돗자리가 공원 전역에 쫙 깔린 것으로 봐서는 아마도 돈을 주고 일정 시간 자리를 대여하는 식인 듯하다. 평일 낮에 이런 멋진 낭만을 즐기고 있다니. 이게 말로만 듣던 일본인들의 찐 벚꽃

사랑인가.

일본에서는 벚꽃놀이를 '하나미(花見)'라고 부른다. 한자에서 보듯 '꽃을 보다'라는 예쁜 뜻이다. 벚꽃 절정 시즌에는 하나미 명당을 차지하기 위해 이른 아침부터, 심지어 전날부터도 자리를 잡기 위한 눈치싸움이 펼쳐진다.

하나미는 벚꽃을 즐기는 일본의 문화다. 벚꽃이 만개한 벚나무 아래에서 친구나 지인들과 맥주나 간식을 즐기며 종일 이야기를 나눈다. 다음 날 갔던 조폐국 주변에서도, 그다음 날 갔던 오사카성과 벚꽃이 잘 어우러져 보이는 니시노마루 정원의 명당에서도 돗자리에 앉아 하나미를 즐기는 일본인들을 보았다. 심지어 벚꽃 명소가 아닌 동네 작은 놀이터나 공원에서조차도 삼삼오오 모여 하나미를 즐기고 있었다.

벚꽃을 바라보는 일본인들의 태도도 인상적이었다. 우리나라에서 벚꽃을 구경한다면 어떤 모습이 그려질까. 벚나무가 늘어선 거리에 팔짱을 낀 연인이나 가족들이 오손도손 함께 벚꽃을 구경하며 걸어 다니는 장면이 떠오른다. 그러다 예쁜 벚꽃길이나 풍성한 벚꽃을 배경으로 서로의 사진을 찍어주는 모습 정도가 그려진다.

일본인들이 벚꽃을 구경하는 모습은 사뭇 달랐다. 그들은 자리에 멈춰 서서 벚꽃 하나하나를 유심히 살펴보고 오랫동안 관찰했다. 특히 벚꽃 종류가 다양하기로 유명한 조폐국이나 교토의 벚꽃 명소에서는 그런 모습이 훨씬 두드러졌다. 마치 벚꽃이 전시된 미술관에서 대자연이라는 거장의 작품을 한 점 한 점 눈여겨 관람하는 듯한 모습이다. 우리나라의 벚꽃 구경은 걸어 다니며 벚꽃 놀이의 분위기 전체를 느끼는 '동적'인 개념이라면, 일본의 벚꽃 구경은 한 자리에 서서 벚꽃 하나하나를 유심히 관찰하는 '정적'인 개념이다.

벚꽃 사진을 찍는 모습도 달랐다. 우리나라에서는 보통 예쁜 벚꽃을 배경으로 사람이 중심이 되어 사진을 찍는다. 친구나 연인이 서로를 찍어주거나 아니면 셀카를 찍는 식이다. 아마도 예쁜 벚꽃과 함께 있는 나를 기념하기 위함일 거다.

반면 일본인들의 사진 촬영 대상은 대부분 벚꽃 그 자체였다. 벚꽃 앞에서 서로의 또는 자기 모습을 찍는 일본인들의 모습은 거의 보지 못했다. 혹여나 그런 모습이 보인다면 대부분 외국인이었다. 일본인들은 각양각색 피어오른 벚꽃 자체를 연신 카메라에 담기 바빠 보였다.

소위 대포 카메라라고 불리는, 고가의 렌즈를 결합한 전문 카메라 장비를 가져온 사람들도 여럿 보였다. 신기한 건 대포 카메라를 들고 다니는 사람 중에는 최소 칠팔십 세 이상으로 보이는 할아버지들이 많았다는 점이다. 그 연세에도 그렇게 자신이 좋아하는 무언가에 열심인 모습이 멋져 보였다. 이 대포 카메라 할아버지들은 이후 오사카 곳곳의 사진 명소 어디에서도 종종 보였다.

그들 곁에 서서 나도 벚꽃을 사진에 담았다. 어찌 된 일인지 벚꽃은 요리조리 아무렇게나 찍어도 예쁘게 나오는, 말 그대로 '팔방미인'이었다. 이래서 사람들이 그렇게 벚꽃을 보러 다니는구나. 핑크빛 벚꽃을 보며, 그리고 벚꽃을 보며 설레는 사람들의 표정을 바라보며 "벚꽃 그게 뭐라고."라고 메마른 혼잣말을 되뇌었던 나 자신이 잠시 부끄러워졌다.

어쩌면 벚꽃놀이가 즐거운 진짜 이유는 예쁜 벚꽃을 보기 때문이기도 하지만, 그 벚꽃을 바라보는 사람들의 행복한 표정을 보며 덩달아 행복해지기 때문이다. 벚꽃놀이에 와있는 동안은 누구나 활짝 그리고 실컷 웃고 가니깐 말이다. 팍팍한 우리네 삶 속에서 모두가 그렇게 활짝 웃는 모습을 보는 일이 얼마나 자주 있을까. 내년 봄에도 꼭 벚꽃을 보러 가야겠다고 마음먹었다.

아름다운 벚꽃과 함께 기억에 남는 사랑스러운 두 장면이 있다. 하나는 교토의 벚꽃 명소 닌나지 절에 갔을 때다. 닌나지 내부를 쭉 돌며 벚꽃 구경을 마치고 나가는 길이었다. 일본 전통 예복을 입은 한 커플이 벚꽃을 배경으로 웨딩 촬영을 하고 있었다. 그 모습이 아름다워 잠시 그들을 바라보았다. 나뿐만 아니라 주변을 지나가던 일본인들도 "에~ 스게!"('스고이'의 구어적 표현. 우리로 치면 '대단하다'를 '대박'으로 표현하는 정도로 이해하면 됨)를 외치며 잠시 멈춰서서 그들을 흐뭇하게 바라보았다.

또 하나는, 벚꽃과 함께 오사카 성을 볼 수 있는 니시노마루 정원으로 들어가던 길에 본 광경이다. 만개한 벚꽃 아래 한 외국인 커플이 앉아 있었다. 남자는 기타를 치며 노래를 부르고 있었고, 여자는 그런 그를 사랑스러운 눈빛으로 바라보고 있었다. 지나가는 사람들은 그들을 바라보며 미소 짓기도 하고 그들 앞에 잠시 머물러 남자의 기타 연주를 듣기도 했다. 그들의 모습을 사진으로 담는 사람도 있었다. 그러나 그 커플은 주변의 시선은 아랑곳하지 않았다. 그저 서로를 바라보고 서로에게만 집중하며 사랑을 표현하는 데에만 집중하고 있었다. 벚꽃 아래에서 부르는 사랑의 세레나데라니. 언젠가 나도 도전할 수 있을까.

그 외에도 여러 벚꽃 명소라는 곳들을 좇아다녔다. 그러나 나만의 벚꽃 명소를 꼽으라면 다름 아닌 경서네 집 앞 작은 놀이터다. 집에 들어가고 나올 때마다 놀이터의 벚꽃을 마주했다. 벚꽃이 피기 시작하는 4월에 이곳에 와서 벚꽃이 만개하고, 바람과 함께 벚꽃잎이 흩날리고, 벚꽃잎이 떨어진 가지에 푸른 잎이 나기 시작하고, 그 잎이 나무를 무성하게 덮는 5월 중순까지의 변화를 매일 보았다. 낮에도

밤에도, 그리고 맑은 날에도 흐린 날에도 비가 오는 날에도, 매일 같은 장소에서 벚꽃을 보았다. 이만하면 나만의 1등 벚꽃 명소 아닐까.

• 600도의 법칙

벚꽃의 개화 시기를 가늠할 수 있는 법칙. 2월 1일을 기준점으로 하여 그날부터 매일 최고 기온을 더해 합산 온도가 600도 정도가 되면 벚꽃이 핀다고 한다. 2월 1일부터 매일 평균 기온을 합산하여 400도 정도가 되면 벚꽃이 핀다는 '400도의 법칙'도 있다.

오사카 교토 벚꽃 명소

오사카 조폐국 본국

오사카 현지인들에게 유명한 벚꽃 명소다. 조폐국에는 40여 종, 400여 그루의 벚나무가 있어 다양한 벚꽃을 구경하기 좋다. 벚꽃 축제 시즌에는 사전 예약을 받아 적정 인원만 입장한다. 예약 경쟁이 치열하지만, 쾌적한 환경에서 벚꽃을 구경할 수 있다.

조폐국으로 가는 길에는 강가를 따라 산책하기 좋은 수변공원이 있다. 조폐국으로 들어가지 않아도 수변공원에서도 충분히 벚꽃을 즐길 수 있다. 벚꽃 축제 시즌에는 여기에 수십 개의 야타이(포장마차)가 들어선다. 각 야타이에는 오코노미야끼, 타코야끼, 야끼소바와 같은 음식을 판다. 현지인 방문객이 많아 오사카 현지 분위기를 물씬 느낄 수 있다.

오사카 성 니시노마루 정원

관광객들에게 유명한 오사카 벚꽃 명소다. 오사카 성 벚꽃을 보러 간다고 오사카 성으로 곧장 가는 건 아니다. 오사카 성 바로 옆에 있는 니시노마루 정원에 가면 오사카성과 벚꽃이 한데 어우러진 풍경을 감상할 수 있다. 오사카 현지인과 관광객 모두가 많이 찾는 벚꽃 명소인 만큼 아침 일찍 서두를수록 좋다. 오사카 성이 가장 잘 보이는 명당에는 꽃놀이(하나미)를 즐길 수 있는 돗자리도 마련되어 있다.

교토 닌나지(仁和寺·인화사)

888년에 세워졌으며 세계문화유산으로 등록된 역사·문화적으로 의미 있는 교토에서 가장 유명한 벚꽃 명소 중 하나다. 일본 현지인들이 많이 찾는데 특히 다른 지역에서 수학여행을 온 학생들, 단체관광을 온 현지 어르신들을 많이 볼 수 있다. 닌나지에는 꽤 넓은 벚나무숲이 있다. 벚나무숲의 산책로를 따라 쭉 걷다 보면 마치 벚나무숲에 풍덩 빠진 듯한 느낌을 받는다. 보통 벚나무에 핀 벚꽃은 사람의 시선보다 위에 있어 늘 올려다본다면, 이곳의 벚꽃은 손을 뻗으면 닿을, 얼굴에 스칠 정도의 높이이기 때문이다.

닌나지에서는 교토의 아름다운 전통 건축물이 벚꽃과 얼마나 잘 어울리는지 볼 수 있다. 특히 닌나지 중심에 있는 오층탑과 어우러진 벚꽃의 풍경은 그 아름다움이 사진에 충분히 담기지 않을 정도다. 마치 일본 여행 잡지의 한 장면 같은 풍경을 담아낼 수 있다. "닌나지의 벚꽃이 져야 교토 시내의 벚꽃이 진다."라는 말이 있을 정도로 교토에서 가장 늦게 벚꽃이 피고 진다.

교토 나루타키 역 - 우타노 역 사이

보랏빛의 란덴열차로 유명한 벚꽃 명소다. 여기서 벚꽃을 즐기는 방법은 두 가지다. 하나는 나루타키 역이나 우타노 역에서 란덴열차를 직접 타고 벚꽃 터널을 지나가는 방법이다. 열차 안에서 만개한 벚꽃이 우거진 벚꽃 터널을 지나가면 그 누구도 감탄을 금치 못할 것이다.

또 하나는 란덴열차가 지나가는 기찻길 길목에서 벚꽃과 함께 풍경을 감상하는 방법이다. 보랏빛 란덴열차와 분홍빛 벚꽃의 조화는 일본 감성 그 자체다. 그 감성을 찍기 위해 많은 사람이 모여든다.

이곳의 묘미는 어느 방향에서 언제 올지 모르는 기차를 하염없이 기다리는 일이다. 기차의 등장을 알리는 "땡땡땡" 소리가 들리면, 기다리던 사람들의 눈은 바빠진다. 양쪽을 두리번거리다가 이내 기차가 오는 방향을 발견하고는 그쪽으로 몰려든다. 그러고는 달려오는 기차에 맞춰 연신 셔터를 누르며 한바탕 사진을 찍는 식이다.

교토 아라시야마

아라시야마는 일본 전통 느낌의 건물과 거리가 잘 보존된, 교토를 대표하는 관광지다. 과거 헤이안 시대 나라현 귀족들이 별장으로 가장 선호한 지역으로, 일본 '100대 벚꽃 명소' 및 '100대 단풍 명소'로 선정되기도 했다. 특히 벚꽃이 만개할 무렵의 아라시야마에 간다면 대나무숲 '지쿠린'은 꼭 걸어볼 만한 장소다. 교토의 고즈넉한 분위기와 울창한 대나무숲, 분홍빛의 벚꽃이 어우러져 아름다운 장면이 연출된다.

텐류지(천룡사)도 함께 돌아보면 좋은 명정원이 있는 유서 깊은 사찰이다. 유네스코 세계유산으로 등재된 교토의 대표적 명소로 동쪽의 청수사, 서쪽의 텐류지라는 말이 있을 정도다. 일본 정원의 아버지로 불리는 무소 소세키가 만든 소겐치 정원이 있으며 배후에 아라시야마와 거북산을 차경으로 한 웅대한 지천회유식 정원이다.

'달이 건너는 다리'라는 뜻의 '도게츠교'를 건너 '텐류지'에 들렀다가 대나무숲 '지쿠린'을 한가롭게 거니는 코스는 고즈넉한 아라시야마를 즐기는 인기 코스다.

교토 히라노 신사

히라노 신사는 교토의 여러 화려한 신사들에 비하면 작고 소박하다. 그러나 벚꽃 축제 기간에는 사람이 많고 야타이(포장마차)로 북적인다. 방송국에서도 취재하러 나올 만큼 유명한 벚꽃 명소다.
히라노 신사에서는 버드나무처럼 땅으로 쏟아지는 벚나무를 볼 수 있다. 얼마나 쏟아지는지 나무가 무너지지 않도록 받쳐주는 보조 장치도 있다. 그 외에도 일본의 신사라는 특유의 분위기와 벚꽃이 어떻게 어울리는지 보는 재미도 있다.

HOTEL KEIHAN
KEIHAN
CITY MALL
KEIHAN
CITY MALL
CITY MALL
スーパーボール
和牛
焼肉

北野白梅町
KITANOHAKUBAI-CHO
RANDEN
ワンマン
614
映画村

이틀에 한 번꼴로 난바에 간 이유

난바, 도톤보리

경서가 사는 동네는 오사카 지하철 갈색선 사카이스지 선의 에비스초 역 근처다. 에비스초의 북서쪽에는 오사카를 대표하는 난바가 있다. 걸어서 이십 분 정도면 간다. 남쪽으로는 신세카이, 덴노지와 같은 상업지구도 있다. 나름 대형 상권에 둘러싸인 중심지였지만, 에비스초 인근은 주거 지역이라 그리 복잡하지 않고 관광객이 많이 다니지 않는 동네였다. 그 점이 마음에 들었다.

"아, 뭔가 집에 가기 아쉬운데? 난바 들렀다 갈까?"

오사카에서 한 달 동안 지내면서 가장 많이 한 말이다. 난바에는 이틀에 한 번꼴로 갔다. 다른 여행지에 갔다가도 집에 들어가는 길에 종종 난바에 들러 아쉬움을 달래고는 했으니 말이다. 난바에 가면 언제나 관광객이 가득했다. 오사카에 처음 온 듯 호기심 가득한 표정으로 길거리를 두리번거리는 관광객들 말이다. 그들보다 불과 며칠 먼저

왔다고 그들을 바라보며 "나도 저랬던 시절이 있었지."라며 너스레를 떨고는 했다. 이처럼 난바는 주기적으로 들러줘야 하는, 갈 때마다 흥미로운 볼거리가 가득한 동네였다.

난바는 언제나 복잡하다. 늘 수많은 관광객으로 북적이고 사람들의 이목을 끄는 휘황찬란한 볼거리와 먹을거리가 가득하다. '먹다가 망한다'는 뜻의 '구이다오레(食い倒れ)'라는 오사카의 별명은 난바를 마주하는 순간 여실히 와닿는다.

오사카에 처음 여행 온 사람도, 여러 차례 여행 온 사람도 한 번쯤은 꼭 난바에 들른다. 관광지로서 오사카의 분위기를 가장 잘 느낄 수 있는 곳이니까. 한 도시의 구시가지라는 점에서 마치 서울의 명동이나 부산의 남포동 거리와 비슷하다.

난바에서 가장 유명한 건 역시 도톤보리다. 도톤보리 강변을 따라 휘황찬란한 간판들과 함께 수많은 상가가 들어서 있다. 그 화려한 거리를 보기 위해 수많은 관광객이 모여든다. 그중에서도 제과업체 '에자키 글리코'의 전광판은 서울의 남산타워만큼이나 오사카를 상징하는 랜드마크다. 두 팔을 들고 육상 트랙을 달리는 모습의 이 남자는 글리코의 트레이드 마크 '글리코 상'이다. 글리코 상은 무려 1935년부터 도톤보리에서 이 자리를 지켰다고 하니 오사카를 넘어 근현대 일본의 상징이라고도 할 만하다.

글리코 상이 한눈에 보이는 에비스 다리는 글리코 상을 배경으로 기념사진을 찍으려는 관광객들로 언제나 붐빈다. 평일에는 하루 평균 20만 명, 주말이면 35만 명이 이 다리를 오간다. 두 팔을 높이 들고 한쪽 다리를 올린 글리코 상을 따라 포즈를 취하는 건 오사카 여행의 필수 코스다. 이처럼 난바 길거리에서 사람들을 구경하고 있노라면 가히 관광 대국 일본의 위력을 새삼 느낄 수 있다. 인종도 국적도 다양한, 전 세계에서 모여든 수많은 인파를 마주하니 말이다.

난바를 중심으로 근처에는 걸어서 가볼 만한 곳이 많다. 우선 난바 북쪽에는 '신사이바시'가 있다. 난바와 자연스럽게 연결된 것 같지만 정확히는 도톤보리강을 건너는 지점부터는 신사이바시 지역이다. 난바가 골목골목 사이에 음식점과 술집 위주로 들어선 골목상권 느낌이라면, 신사이바시로 올라갈수록 쇼핑 아케이드나 백화점 위주의 깔끔한 느낌이다.

신사이바시 역 바로 앞에 있는 '유니클로 신사이바시점'은 심심하면 들렀던 나만의 쇼핑 명소다. "유니쿠로~ 신사이바시~"라는 구수한 엔카(메이지 시대 이후 유행하기 시작한 일본의 대중음악으로 한국의 트로트와 비슷한 느낌이다)풍의 노래가 흘러나오던 이 매장은, 지하 1층부터 4층까지 한 건물이 통째로 유니클로로 오사카에서 가장 큰 규모다. 매장이 넓고 큰 만큼 다른 매장에서는 보기 어려운 다양한 상품들이 마련되어 있었다. 특히 한국에서는 보지 못했던, 일본에서만 판매하는 유니클로 옷들을 볼 수 있어 매장에 들어가면 여기저기 구경 다니느라 바빴다.

십수 년 전 한국에 유니클로 매장이 막 생기던 시절, 첫 일본 여행을 갔을 때 가장 가고 싶었던 곳은 유니클로였다. 저렴하면서도 품질 좋고 개성 있는 옷들을 만들어내는 유니클로의 본고장 일본이 부러웠다. 이제는 유니클로의 자매 브랜드 'GU'까지 생겨 훨씬 볼거리가

다양해졌다. 난바를 돌아다닐 때마다, 유니클로와 GU가 보이면 일단 한 번 들어가 보곤 했다. 그러다 가끔 마음에 드는 옷을 발견하면 한참을 망설이고 고민하다 끝내 계산대에 가서 신용카드를 내밀고는 했다. 그렇게 사들인 청바지와 후드티는 연중 내내 즐겨 입는 '데일리 아이템'이 되어 있다. 유니클로와 GU는 여전히 내가 가장 좋아하는 일본 브랜드 중 하나다.

난바에서 서쪽으로 가면 다양한 쇼핑 거리가 나온다. 에르메스, 샤넬 등 명품 브랜드가 모여 있는 명품 거리에서는 현지인들보다도 오사카에서 쇼핑하는 외국인 관광객들을 더 많이 볼 수 있다. 그 옆에는 서울의 이태원 같은, 미국 감성의 빈티지 상점이 모여 있는 '아메리카무라' 거리가 있다. 일본식 '아메카지', 즉 아메리칸 캐주얼 패션의 성지 같은 곳으로, 현지인들에게는 줄여서 '아메무라' 또는 '서쪽의 하라주쿠'나 '서쪽의 시부야'라고 불리기도 한다. 조금 더 서쪽으로 가면 서울의 연남동과 한남동을 묘하게 섞은 듯한 느낌의 '오렌지 스트리트'가 나온다. 고급스러운 편집숍이 대거 모여 있어 일본 특유의 개성 넘치는 패션 감각을 엿볼 수 있다.

살다 보면 유독 관심을 기울이는 것만큼 실력이 안 따라주는 영역이 있기 마련이다. 나에게는 패션이 그러했다. 어린 시절부터 옷에 관심이 많고 남들에게 멋지게 보이고 싶은 마음이 컸지만, 그 마음만큼 내 패션 감각은 따라와 주지 못했다. 그런 나에게 일본의 패션 문화는 늘 동경의 대상이었다. 이십여 년 전, '간지'라는 용어와 함께 '닛폰삘(Nippon feel, 일본 느낌)'을 내던 모델 배정남의 패션은 당시 대한

민국 남자 청소년들의 '워너비 패션'으로 추앙받기도 했다. 일본의 편집숍이나 빈티지 옷 가게에 가면, 그 시절 패션에 지대한 관심을 가졌던 내가 떠오른다.

동쪽에는 '오사카의 부엌'이라 불리는 구로몬 시장이 있다. 국내든 해외든 여행을 가면 시장에는 꼭 가보는 편이다. 그 지역 사람들의 실제 먹고사는 삶을 관찰할 수 있기 때문이다. 물론 구로몬 시장의 물가는 생각보다 비싸서 얼른 지갑이 열리지는 않는다. 그래도 난바 근처에서 일본 현지 느낌의 시장을 구경할 수 있다.

남쪽으로 내려가면 덴덴타운 거리가 나온다. 일본 특유의 전자상가와 더불어 각종 애니메이션, 캐릭터 관련 상점이 밀집한 곳이다. 소위 말하는 '덕후'들의 성지인 셈이다. 도쿄 아키하바라 거리의 오사카 버전이라 봐도 된다. 특히 덴덴타운에는 수십 곳의 '메이드 카페'가 모여 있기로 유명하다. 제각기 다른 개성의 메이드 카페들은 거리에서 그 외관을 관찰하는 것만으로도 흥미로운 볼거리다.

心斎橋
SHINSAIBASHI
ORIGINAL GLAZED
SINCE 1937
たつみ宝石店
薬
カワラヤ・ドラッグ
クリスピー・クリーム・ドーナツ
Krispy Kreme
この先すぐ
KOSÉ
薬局
PHARMACY
9－1

夏の風情を楽しみながら涼む。
SHIN SAI BASHI
OKURA
TOKYO
龍角散
ダイレクト
FRESH
HANDMADE
なんば
戎橋筋
EBISU BASHI-SUJI

메이드 카페 알바의 진심을 알게 된 순간

덴덴타운, 메이드 카페 거리

일본을 대표하는 이미지는 뭐가 있을까. 나에게 가장 큰 건 '오타쿠(이하 덕후)' 문화다. 사실 나는 덕후와는 거리가 멀었다. 어린 시절 그 흔한 슬램덩크나 드래곤볼 만화책조차 한 번 보지 않았을 만큼 일본 애니메이션에는 무관심했다. 일본의 아기자기한 캐릭터에 대해서도 잘 몰랐다. 심플함, 무색무취를 선호했던 나로서는 캐릭터 상품을 통해 나의 정체성을 드러낸다는 게 그다지 끌리지 않았다.

일본 애니메이션과 캐릭터에 관심을 가진 건 경서와 만나면서부터였다. 경서는 자타공인 일본 애니메이션과 캐릭터를 정말 좋아하는 덕후다. 일본 문화가 좋아서 한국에서 잘 다니던 회사도 그만두고 오사카에 와서 살고 있을 정도다. 경서와 친해지면서 자연스럽게 일본 애니메이션과 캐릭터에 관심이 생겼다. 무엇보다도 덕후에 대한 편견과 선입견이 많이 바뀌었다.

난바에서 특히 자주 들른 곳은 덴덴타운이다. 경서는 평소에도 참새가 방앗간 들르듯 퇴근길에 덴덴타운을 들렀다고 했다. 좋아하는 애니메이션 '하이큐'의 새로 나온 굿즈가 있는지, 사고 싶던 굿즈가 혹시 할인하지는 않는지, 마치 영업사원처럼 확인하러 다니는 게 경서의 퇴근 후 저녁 일상이었다. 그런 경서를 따라 나도 자연스럽게 덴덴타운에 자주 발을 들였다.

덴덴타운에는 애니메이션과 캐릭터와 관련해서는 없는 게 없다. 애니메이트나 조신과 같은 대형 매장부터 골목골목 작은 매장들까지 가지각색이다. 덕후들은 그 수많은 매장에서 파는 상품 중 자신이 덕질하는 캐릭터의 굿즈를 득템하기 위해 매의 눈으로 살피고 다닌다. 가끔은 그들이 무엇을 그렇게 유심히 살피고 어떤 물건을 그렇게도 찾고 있는지 어깨너머로 기웃거리기도 했다. 하지만 애니메이션도,

캐릭터도 잘 모르는 나로서는 왜 그렇게까지 캐릭터 하나에 열광하는지 이해하기 어려웠다. 또 다른 덕후가 오기 전까지는 말이다.

오사카에서 생활한 지 3주 정도 지날 즈음 한국에서 이십 년도 넘게 친구로 지내온, 자타공인 짱구 덕후 영준이가 놀러 왔다. 일본에서는 〈크레용 신짱〉, 한국에서는 〈짱구는 못말려〉라는 제목으로 유명한 애니메이션의 주인공인 짱구 피규어를 책상 선반에 빼곡히 모아두는 게 영준이의 소소한 취미다. 그는 이전에도 여러 차례 일본에 여행 올 때마다 새로운 짱구 굿즈를 찾아다녔다고 했다. 밥은 굶어도 짱구 가챠(동전을 넣고 레버를 돌려 장난감 캡슐을 뽑는, 한국의 '뽑기' 같은 기기)에는 수천 엔의 동전을 넣어 여행 경비를 탕진하는 게 영준이의 여행 스타일이다.

"내 오늘 마음에 드는 짱구 찾을 때까지는 집에 안 간대이. 느그도 집에 갈 생각 하지 마래이."

덴덴타운은 처음이었던 영준이는 마음에 드는 짱구 피규어를 찾고야 말겠다며 오사카에 온 첫날부터 의지를 불태웠다. 덩달아 나와 경서도 덴덴타운의 온 동네 피규어샵을 뒤지고 다녔다. 웬만한 짱구는

영준이의 성에 차지 않았다. 그도 그럴 게 어지간한 짱구 피규어는 영준이가 다 가지고 있었기 때문이다.

"마지막으로 여기만 가보고 없으면 집에 가자. 없는갑다."

점점 지쳐갔다. 덴덴타운 바닥에서 영준이가 만족할 만한 짱구가 있을까 싶었다. 내 눈에는 꽤 괜찮아 보이는 피규어도 영준이 눈에는 가차 없이 탈락이었다. 한참 길거리를 다니다 마지막 피규어 가게에 들어갔다. 영준이는 격앙된 목소리로 말했다.

"와, 미쳤다. 지기네. 여기네, 여기야. 뭐 사야 되지? 살 게 너무 많은데?"

마침내 그 가게에서 영준이는 그의 짱구 수집 역사상 가장 만족스러운 피규어를 두 개 건졌다. 같이 짱구를 찾아다니던 나와 경서조차도 덩달아 기뻤다. 마치 보물찾기에서 1등 보물을 찾은 것만 같았다. 그때 깨달았다. 구석구석 뒤져가며 좋아하는 캐릭터의 희귀한 아이템을 찾아보는 일은 덴덴타운에서만 할 수 있는 색다른 재미라는 걸.

덴덴타운은 메이드 카페 거리로도 유명하다. '메이드(maid)', 즉 '하녀'를 뜻하는 이 카페는, 메이드 복장을 한 카페 직원이 고객을 주인님으로 모시면서 메이드로서 다양한 서비스를 제공하고 시중을 드는, 일종의 콘셉트 카페다. 최근에는 유튜브 등을 통해 "오이시쿠나레! 오이시쿠나레! 모에모에 쿵! (맛있어져라! 맛있어져라! 얍!)"이라는 독특한 구호를 외치는 메이드 카페만의 문화가 유명해지기도 했다. '모에'는 일본 서브컬처에서 캐릭터나 어떤 대상에 대한 사랑이나 호감을 뜻한다.

오사카에서 한 달 살게 되었다고 하니 주변에서 농반진반으로 메이드 카페에도 가보라고 했다. 하지만 왠지 가고 싶지 않았다. 뭔지 모를 부끄러움과 어색함 때문이었다. 나의 성향을 잘 아는 영준이는 나를 메이드 카페에 데려가서 당황하는 모습을 꼭 보고 싶다며, 여행 와있는 내내 틈만 나면 "메이드 카페 갈래?"라며 시도 때도 없이 농을 던져댔다.

처음 메이드 카페 거리를 지나가던 때가 기억에 남는다. 보통 오후 5시 정도가 되면 메이드 복장을 한 알바들이 나와 전단을 나눠 주며 호객 행위를 시작한다. 그리고 대부분의 행인은 그들의 호객 행위를 못 본 채 지나간다. 나 역시 그동안 호객 행위에 대한 막연한 거부감이 있었기에, 그곳에서 메이드 카페 알바에게 절대 호객 행위를 당하지 않겠다는 결연한 마음으로 그 거리를 겨우 지나갔다. 행여나 전단을 건네는 직원이 있어도 눈 한 번 마주치지 않고 외면했다. 괜히 민망하고 어색했기 때문이다.

"나는 메이드 카페에는 관심이 없어. 날 설득해서 데려갈 생각은 하지 마."

속으로 이렇게 생각하고는 그들을 제대로 쳐다보지도 않은 채 재빨리 그 거리를 지나갔다. 그들의 시야에 들어오지 않는 저 멀리 골목 어귀에 다다라서야 그들의 모습을 몰래 훔쳐보며 "와, 이런 분위기구나." 하고는 어림짐작했을 뿐이다.

GAME
販機
6坪店
merimero

4Fで営業中
animate
アニメのことならアニメイト!

하루는 평소처럼 경서와 함께 덴덴타운을 걸었다. 메이드 카페 직원들이 건네는 전단을 모르는 체하는 일도 점점 익숙해졌다. 갑자기 경서가 내게 물었다.

"저분들 전단 나눠주면서 뭐라고 하는지 알아?"

일본어를 잘 알아듣지 못하는 나는 뭐냐고 되물었다.

"전단이라도 하나만 받아 달라고 말하는 거야. 사람들이 다 못 본 척하고 안 받아 가니깐."

경서의 대답은 꽤 충격적이었다. 순간 무언가 내가 큰 잘못을 한 듯한 죄책감이 몰려왔다. 그저 사람 대 사람으로 눈을 마주치고 소통하며 전단 하나 받아주면 되는 거였는데. 메이드 복장을 한 그들에게 선입견과 편견을 가지며 내심 피했던 나 자신이 부끄러웠다.

한국에서는 길거리에서 할머니들이 나눠주는 전단을 곧잘 받던 나였다. 아무리 전단을 내밀어도 기어이 피하는 사람을 보면 주는 사람은 은근히 마음의 상처가 되기 때문이다. 그런 내가 여기 와서는 저들과 눈 한 번 마주치지 않으면서 그깟 전단 하나 받지 않으려 했다니. 마음이 좋지 않았다.

그때부터 생각을 바꿨다. 덴덴타운에서 메이드 카페 직원들이 전단을 건네면 고개를 꾸벅하며 적극적으로 손을 내밀었다. 오히려 다가올까 말까 주춤거리는 직원에게는 먼저 다가가서 손을 내밀었다. 그러면 그들은 하나같이 고맙다는 말과 함께 환한 미소를 보였다. 의례적으로 표현하는 고마움이 아니었다. 정말이지 기쁜 표정과 함께 진심으로 고마워했다. 이게 뭐라고 진작부터 받지 않았을까.

혹시 오사카에서 덴덴타운에 들른다면 메이드 카페 직원들이 나눠주는 전단을 한번 받아보는 건 어떨까. 전단을 받는 게 부담스럽다면 열심히 전단을 나눠주며 홍보하고 있는 그들에게 간단한 눈인사를 전해도 좋다. 홀로 외롭게 서 있는 그들에게 작게나마 힘이 될지도 모르는 일이다.

• 닛폰바시 스트리트 페스타

덴덴타운에서는 매년 봄, 일본 최대 규모의 코스튬 축제가 열린다. 전국에서 모여든 코스튬 매니아들이 각종 애니메이션, 게임 캐릭터 코스튬을 입고 거리를 가득 채운다. 홈페이지(www.nippombashi.jp)에서 관련 정보를 확인할 수 있다.

今!
「カードファイト!! ヴァンガード」
次元超躍
BOOSTER PACK
大阪日本橋店
Melonbooks
同人作品・商業作品
国内No.1の
専門店
4Fで営業中
TAX-FREE
カードゲームショップ カードラボ
C-labo
デュエルスペース完備 5F
止まれ
animate
アニメのことならアニメイト!
information

도심 속의
고요함을 찾아서

우메다 우메키타 광장, 나가자키초 카페 거리

난바를 보고 오사카가 너무 복잡하다고 느낀다면 아직 이르다. 그보다 더한 우메다가 있기 때문이다. 오사카 사람들도 길을 잃는다고 하는 곳이 바로 우메다다. 우메다는 오사카 사람들이 가장 많이 모이는 번화가이자 오사카 최대 업무지구다. 많은 오사카 직장인은 우메다로 출근한다. 우메다는 오사카의 대표적인 부촌이기도 하다. 그런 점에서 우메다는 서울의 강남과 비슷한 느낌이다.

우메다는 오사카에서 가장 유동 인구가 많다. 우메다 인근에는 JR과 각종 사철, 오사카 지하철 등 무려 12개의 노선이 모여 있다. 오사카에서 근교로 향하는 열차는 대부분 우메다에서 출발한다. 우메다는 쇼핑천국이기도 하다. 일본 전국 매출 2위를 자랑하는 '한큐백화점 우메다 본점'이나 '다이마루'와 같은 메이저 백화점, '그랜드 프론트 오사카'나 '루쿠아'와 같은 복합 쇼핑몰, '요도바시 카메라'와 같은 대형 전자제품 상가들이 밀집해 있다. 서울에서도 하나의 상권 안에 이토록 백화점과 쇼핑몰이 밀집한 지역이 있을까. 그나마 명동이 비슷한 상권이겠지만 백화점이나 쇼핑몰의 수나 규모로 비교하면 우메다가 압도적이다. 마치 명동 길거리에 삼성동 코엑스 지하상가와 잠실 롯데몰 정도를 합쳐놓은 듯한 거대한 느낌이다. 우메다의 지하상가는 또 얼마나 넓고 거대한지. 오사카 사람들은 이를 '우메다 던전(지하 소굴)'이라 부른다. 한국 관광객 사이에서 우메다는 '헤매다' 또는 '헬메다'로 불리기도 한다.

복잡한 우메다에서도 숨통이 트이던 곳이 있었으니 바로 '우메키타 공원'이다. 정글처럼 우거진 우메다 빌딩 숲 사이를 헤매다 우연히 도심 속 평화로운 공간을 발견했다. 조용한 공간을 좋아하는 나로서는 복잡한 우메다 도심과 대비되는 그 한적함과 여유로움이 어찌나

마음에 들던지. 한적한 우메키타 공원에서 바라본 우메다 도심은 그 안에서 헤매며 다닐 때보다도 훨씬 거대해 보였다.

우메키타 공원은 원래 옛 우메다 화물역 부지가 있던 곳이다. 2013년에 우메다 화물역이 철거된 이후로 개발되지 못한 채 오랜 기간 공터였다. 최근 들어서야 조성된 이 공원에서는 오사카 시민들을 위한 각종 축제나 공연이 열린다.

우메다역 계단을 따라 사람들은 삼삼오오 모여 커피나 맥주를 마시고 있었다. 그들이 바라보는 우메키타 공원에는 초록빛의 거대한 곰돌이 조형물이 누운 채로 입에서 물줄기를 뿜어내고 있었다. 광장 주변에는 예쁜 카페와 아기자기한 식당들이 들어서 있어 운치를 더했다. 헤매던 우메다에서 쉴 만한 물가를 찾은 것만 같았다.

우메다 빌딩 숲에서 동쪽으로 15분 정도 걸어가면 언제 빌딩 숲이 있었냐는 듯 나지막한 높이의 건물들이 나온다. '나가자키초'라는 지역으로 카페 거리로 유명한 동네다. 서울로 치면 연남동, 성수동과 같은 느낌이다. 층수가 낮고 오래된 가게가 들어선 가운데 아기자기하고 개성 넘치는 카페, 작은 레스토랑이나 헤어살롱, 잡화점, 고서점 등이 모여 있어 일본인들에게도 한국인들에게도 인기 있는 동네다.

지나가다 보니 웬 한글 안내판이 보인다. 자세히 보니 '오사카 한국문화원'이라는 정부 기관이다. 오사카영사관에서 운영하는 문화원이자 한국어를 가르치는 세종학당이 있는 곳이기도 하다. 호기심에 오사카 한국문화원에 들어갔다. 건물 전체가 한국 문화와 관련 있는 듯하다. 직원들도 여럿 상주하고 있었다. 우리처럼 구경을 온 사람들도 더러 보였다.

건물 안을 둘러보니 고궁 사진이 여럿 걸려 있는 한 전시 공간이 보였다. 사진에 나온 풍경들이 너무 예뻐서 처음엔 일본의 고궁인 줄 알았다. 자세히 보니 한국의 멋진 고궁들이었다. 특히 근대 풍의 덕수궁 석조전 사진을 보고는 이게 한국일 거라고는 생각하지 못했다. 사진 밑에 작게 '석조전'이라고 쓰여 있는 걸 발견하고 어찌나 민망하던지. 한국에도 이처럼 멋진 문화유적이 많은데, 이런 것도 하나하나 꼼꼼하게 보러 다니지도 않았다. 이토록 한국에 뭐가 있는지도 잘 모르면서 해외여행이랍시고 다니고 있는 나 자신이 조금은 아이러니하다는 생각이 들었다. 한국에 돌아가면 외국인들이 많이 찾는 이러한 관광지에 나도 많이 다녀봐야겠다.

카페 거리에 들어섰다. 역시나 듣던 대로 작고 예쁜 카페가 많다. 곳곳에서 한국어, 중국어가 들렸다. 어느 나라 말인지는 모르겠는, 동남아시아권 말들도 들렸다. 경서 말로는 요즘 이곳은 일본 20대 초반의 일본 여성들에게 인기가 많은 지역이란다.

경서가 인스타그램에서 찾은 한 카페를 찾아갔다. 옛날식 목조 고택을 개조해서 만든, 일본풍의 느낌이 강한 '우테나 카페'였다. 들어가서 메뉴판을 보고는 놀랐다. 가장 저렴한 드립 커피가 600엔이었던 것. 심지어 아이스는 650엔이었다. 다른 카페를 갈까 고민하며 일어서려던 찰나에 "작가님, 이런 데서도 한 번 드셔 보셔야죠!"라는 경서의 너스레에 다시 의자에 앉았다.

다른 손님들을 유심히 살펴보았다. 손님들은 꽤 있었는데 유독 다들 말을 하지 않는 조용한 카페였다. 적막 속에 흔히 카페에서 들릴

법한 소음들만 간간이 들려왔다. 잔잔하게 들려오는 음악 소리, 찻잔 부딪치는 소리, 속삭이는듯한 사람들의 목소리와 같은 것들이었다. 카페의 정체가 궁금해서 구글 지도를 켰다. “아주 조용한 카페예요”, “혼자 여행하거나 말수가 적은 분에게 추천합니다”와 같은 후기가 보였다. 독특한 콘셉트라 생각했다. 그중 한 후기가 눈에 띄었다.

“하얀 수증기를 폴폴 뿜어내는 주전자가 이따금 내는 ‘쉿쉿’ 하는 소리와 벽시계의 부드러운 똑딱 소리. 작게 달그락거리며 주문받은 메뉴를 준비하는 소리. 느린 발걸음에 낡은 마루가 삐걱대는 소리. 이 곳만의 정서와 분위기를 마음껏 느끼고, 여러 가지 조용한 소음들을 수집해 보세요.”

- 구글 지도에 있던 한 후기 중에서

후기를 보고 나니 카페에서의 이 시간에 온전히 집중해야겠다는 생각이 들었다. 여행 내내 사진을 찍고 메모를 하던 스마트폰을 그때부터 잠시 내려놓았다. 나와 경서도 속삭이듯 하던 대화마저 줄이고 귀를 열어 카페의 백색 소음을 담기 시작했다. 일본어를 잘 알아듣지 못하는 나에게는 손님들의 속삭이는 일본어마저도 듣기 좋은 백색 소음이었다.

中崎パスタ店
山根屋
自家製生パスタ専門店
北之坊洋裁研究所

한 달살이 여행자의 오사카 가이드

신세카이, 덴노지

"으악! 나 목 부러진 거 아냐?"

오사카에서의 숙소는 5~6평 남짓의 경서네 집 단칸방이다. 경서가 쓰는 침대 옆 작은 공간에 5센티 남짓한 얇은 접이식 매트를 하나 깔아 한 달 동안 내 잠자리로 삼았다. 눈만 붙이면 어디서든 잘 자는 사람들이 있다는데 적어도 나는 그렇지 못했다. 첫날 자고 나니 바로 목에 살짝 담이 왔다. 이튿날 자고 나니 목이 오른쪽으로 아예 돌아가지 않았다. 누웠던 몸을 일으키는 순간 목이 부러진 것처럼 비명이 절로 나왔다. 오죽하면 자다가도 무심결에 목을 돌리다 아파서 여러 번 깨버렸다. 담이 걸린 목은 일주일은 지나고야 비로소 정상으로 돌아왔다.

매트도 말썽이었다. 경서는 한 달 동안 머무르게 된 나를 위해 '니토리'(일본의 1위 가구 및 인테리어 업체로 가성비가 좋아 일본의 이

케아라 불림)에서 접이식 매트를 샀다. 처음 사 온 매트에서는 화학 약품 냄새가 심하게 났기에, 별생각 없이 근처 코인 세탁소에 가서 매트를 빨고 건조기로 돌렸다. 그런데 이게 웬일. 건조기를 아무리 돌려도 스펀지 재질의 매트는 도통 마르질 않는 거였다. 몸을 누일 때마다 매트에서는 체중에 눌려 물이 스며 나왔다. 어쩔 수 없이 축축한 매트 위에서 잠을 청했다. 열흘 정도 지났을까. 매일 나의 체온으로 건조되던 매트는 그제야 물기가 완전히 사라졌다. 열흘 동안 애지중지하며 온몸으로 말렸던 매트는 안타깝게도 다른 사람의 품에 잠시 넘어가야 했다. 한국에서 경서의 친구 송이와 윤이가 오사카에 놀러 온 것이다. 내가 오사카에 오기 전부터 예정된 방문이었다.

송이와 윤이를 위해 며칠 동안 경서네 집에서 빠져주기로 하고 별도로 혼자 지낼 숙소를 잡았다. 대신 그들의 오사카 여행 일정에 나도 함께했다. 송이와 윤이가 오기 며칠 전부터 경서와 나는 고민에 빠졌다. 2박 3일밖에 안 되는 짧은 일정 동안 이들을 즐겁게 해주고 싶어서였다. 갖가지 볼거리, 먹거리들 사이의 동선을 고려하며 이런저런 아이디어를 쏟아냈다. 고민 끝에 두 손님과 함께하기로 한 첫 일정은 '신세카이'다. 경서네 집에서 15분 정도만 걸어가면 나오는 가까운 동네라 만만하게 돌아다니기 좋았다. 이전에 오사카에 여행 온 적 있는 두 손님에게도 제격이었다. 처음 오사카에 오는 사람에게는 난바나 우메다를 데려가야겠지만 이미 이들은 그곳이 얼마나 복잡한지 잘 알고 있었다.

신세계(新世界)라는 뜻의 신세카이를 대표하는 건 화려한 간판이

串かつ どて焼
名代 つるかめや
鶴亀家
24時間営業中
365 Days to GO!!
HITACHI
EXPO 2025
やっぱり、万博だ。
日立は万博に協賛しています
麻雀
Asahi
串カツ
新世界
120円~
かわち屋 本店
元祖串カツ専門店
通天閣店
串カツ
自慢

즐비한 먹자골목이다. 도톤보리의 화려한 간판에 놀랐다면 아직 이르다. 신세카이야말로 일본에 왔다는 걸 여실히 느끼게 해줄 곳이니 말이다. 일본풍의 글자와 그림으로 현란하게 늘어선 간판들을 보면 여기가 정말 별천지고 신세계라는 생각이 든다.

화려한 신세카이의 정점은 단연 츠텐카쿠 전망대다. 한자로 '통천각(通天閣)', 즉 '하늘로 통하는 집'이라는 뜻이다. 103m의 높이로 지금은 아담하지만 1912년 건축 당시에는 동양에서 가장 높은 건물이었다는 사실. 일본의 유형 문화재로도 지정되어 있다.

저녁이 되면 츠텐카쿠 외벽의 네온사인 조명에 불이 들어온다. 어떻게 보면 90년대 향수를 자극하는 듯 촌스러우면서도 화려한 조명이다. 집에 가는 길이나 저녁 산책을 다닐 때마다 밝은 조명이 들어온 츠텐카쿠를 수시로 마주하고는 했다.

화려한 츠텐카쿠와 신세카이를 바라보고 있으면 이제는 '잃어버린 30년'이라 불리는, 한때 세계 2위 경제 대국이었던 일본의 화려한 그 시절의 영광이 다시 조명된다. 그래서일까. 그 시절을 대표하는 일본의 시티팝은 유독 츠텐카쿠 그리고 신세카이와 잘 어울린다.

안타깝게도 신세카이 번화가에서 먹은 음식은 별로였다. 특히 번화가 중심에 자리 잡은 화려하기 그지없던 한 이자카야는 역대 최악으로 기억된다. 오코노미야끼는 한국의 여느 동네 술집에서 내어주는 것보다도 말라비틀어져 있었고 밀가루 맛이 났다. 양은 적으면서 가격은 어찌나 바가지던지. 심지어 가게 앞에서부터 지나칠 정도로 호객 행위를 해대는데, 그동안 경험했던 점잖은 일본인의 모습과는 너무나도 달라 혼란스러웠다. 화려한 간판에 이끌려 "이런 번화가에서도 한 번쯤 경험 삼아 먹어보자!" 하고 들어갔던 그 이자카야에서는 말 그대로 경험만 남게 되었다.

전날 실추한 명예를 되찾겠다며 이튿날 송이, 윤이 그리고 경서와 다시 신세카이에 갔다. 이번엔 만반의 준비를 했다. 구글 지도에서 신세카이 일대를 샅샅이 뒤져 숨은 맛집을 하나 찾아냈다. 평점이 무려 4.9나 되는, 닭요리를 전문으로 하는 작은 동네 식당 '우토(UTO)'다. 이 집의 별미라는 닭가슴살 사시미부터 주문했다. 우리 넷 다 생닭 육회는 처음이었다. 기대 반 우려 반으로 한입 베어 물었는데 어찌나 부드럽던지. 기름진 참치나 방어 같은 맛이었다. 닭 특유의 비릿한 향도 느껴지지 않았다. 우리나라에서도 전라남도 지역에서 닭을 육회로 먹는다던데, 다음에 도전해 볼 용기가 생겼다.

그 외에도 닭 껍질구이, 간이나 염통구이, 구운 오니기리 같은 특이한 음식들을 연달아 주문했다. 주문한 음식들은 다 훌륭했다.

역시 동네 구석구석의 숨은 맛집을 찾아내는 것도 여행이 주는 즐거움 중 하나다. 이 식당의 매력은 비단 음식만 맛있는 게 아니었다. 한국어를 손글씨로 하나하나 쓴 메뉴판도 인상적이었다. 알고 보니 부모님이 두 딸과 함께 운영하는 가족 식당인데, 첫째 딸이 한국어를 좋아해서 손수 한국어 메뉴판을 만들었다고 했다. 이런 식당을 어찌 안 좋아할 수가 있을까. 그 뒤로도 몇 번 더 그 식당에 찾아갔다.

화려한 츠텐카쿠를 뒤로하고 남동쪽으로 20분 정도 걸었다. '덴노

지'에 가기 위해서였다. 비교적 가까운 거리지만, 덴노지는 관광지 느낌이 물씬 나는 신세카이와는 사뭇 다른 분위기다. 덴노지에는 오사카 사람들의 일상을 채워주는 쇼핑몰이나 교통 편의시설이 가득하다. 화려한 신세카이의 정점이 츠텐카쿠라면 덴노지의 정점은 초고층 전망대 '하루카스300'이다. 도쿄 아자부다이 힐스에 이어 일본에서 두 번째로 높은 초고층 빌딩이다. 300m 높이의 하루카스 빌딩 60층에는 오사카 시내를 한눈에 조망할 수 있는 전망대가 있다. 63빌딩이 약 250m라는데 그보다도 높다.

하루카스의 매력은 사방팔방으로 시원하게 개방된 통유리 뷰다. 특히 오사카 주변은 산이 없고 넓은 평지가 펼쳐져 있어 오사카 시내 경관이 한눈에 들어온다. 이러한 특성으로 하루카스 전망대는 특히 노을과 야경이 아름답기로 유명하다.

하루카스는 그동안 갈까 말까 고민하다가 선뜻 가지 못했던 곳이다. 이전에 경서와 둘이서 하루카스에 관해 이야기할 때만 하더라도 "이 돈 내고 굳이…?"라고 생각했다. 그러다 송이와 윤이가 오면서 이참에 올라가 보기로 마음먹었다.

확실히 여행이라는 건 혼자보다는 둘이 되고 넷이 되면 풍성해진다. 음식을 먹을 때를 생각해 봐도 그렇다. 혼자서 먹으면 주문하지 못할 음식을 여럿이 있으면 시켜보기도 하고, 여러 음식을 주문해서 함께 나눠 먹을 수도 있다. 맛있는 음식을 입에 넣는 순간 진실의 미간을 찌푸린 채 고개를 끄덕거릴 상대가 있다는 건 함께하는 여행의 큰 기쁨 중 하나다. 여행지를 둘러볼 때도 마찬가지다. 혼자서 다니던 여행에서 가끔 아쉬웠던 순간은 멋진 볼거리를 보고도 그 느낌을 나눌 사람이 곁에 없을 때였다.

넷이서 올라간 하루카스 전망대는 그래서 좋았다. 파노라마로 펼쳐진 오사카 시내를 보며 우린 함께 즐거워했다. 포즈를 잡고 우리의 여행을 기념할 멋진 사진들을 남겼다. 구름 한 점 없는 깨끗한 하늘이라 그런지 발아래 펼쳐진 야경은 더욱 빛났고 아름다웠다. 아까 신세카이에서 본 츠텐카쿠마저도 어찌나 작아 보이던지. 지상 300m라는 사실이 새삼 느껴졌다.

이따금 비행기를 타거나 산꼭대기에 올라가면 땅 위에서는 커 보이는 건물들도 조그마하게 보이는 순간을 경험한다. 내가 가지고 있던 고민의 크기도 덩달아 작아지는 순간이다. 그래서 가끔은 높은 데에 올라가서 내가 살던 곳을 내려다볼 필요도 있다. 우리 삶도 그렇지 않을까. 치열하게 살아가던 현실에서 가끔은 벗어나 내 삶을 돌아보는 시간이 필요하다. 어쩌면 산처럼 크게 느껴지던 고민이 먼지처럼 작게 느껴지기도 할 테니 말이다.

横綱
名門
大阪みやげ
ビリーズ
SHOP
Osaka souvenir
大阪特产
오사카특산물
HOP
NDAYA
24
時間
営業
年中
無休
射的
ふぐなら

HITACHI

오사카에도 힙지로 감성이 있다고?

덴진바시, 덴마

오사카에 와서 며칠은 경서가 추천하는 장소에 갔다. 경서의 추천은 대체로 괜찮았다. 그래도 기왕 오사카에 왔으니 나만의 장소를 찾고 싶었다. 특히 내 또래의 오사카 직장인들이 많이 모이는 동네가 어딜지 궁금했다. 서울로 치면 을지로나 종로 같은 소위 '으른' 냄새 나는 그런 골목. 그곳에 가면 현지인들의 삶을 더 생생하게 볼 수 있지 않을까. 한 블로그에서 오사카에도 서울의 을지로 감성을 풍기는 동네가 있다는 내용을 봤다. 바로 덴진바시, 그리고 덴진바시의 끝에 있는 덴마다.

덴진바시는 우메다에서 동쪽으로 도보 30분 정도 거리에 있는 길쭉한 쇼핑 아케이드 거리다. 그 길이가 무려 2.6km에 달하는 일본에서 가장 긴 아케이드다. 긴 아케이드에는 이자카야나 야키토리, 스시 등을 파는 각종 음식점과 술집이 무려 600여 개나 들어서 있다.

"나, 가고 싶은 곳이 생겼어. 혹시 덴진바시 알아?"

덴진바시에 관한 대략적인 자료 조사를 마치고는 경서에게 메시지를 보냈다. 경서도 오사카에 온 지는 1년이 채 되지 않아서인지 이곳을 처음 들어본다고 했다. 그녀의 직장 동료들에게 물어보니 오사카 직장인들이 많이 모이는 곳이란다. 더욱 호기심이 생긴다. 이곳에 가면 퇴근하고 술 한잔 걸치며 하루의 회포를 푸는 오사카 직장인들을 볼 수 있겠구나. 그것만으로도 갈 이유는 충분했다. 이자카야의 한 테이블에 앉아 그들의 수다를 배경음악 삼아 그 분위기를 한껏 느끼고 싶었다.

덴진바시에 도착해서 구글 지도를 켰다. 여행지에서 바로 지도를 켜서 갈만한 곳을 요리조리 찾아보는 건 여행의 소소한 즐거움이다. 블로그나 여행 영상에 추천된 맛집들은 걸러야 할 때가 많은 편이다. 온통 광고로 도배된 홍보의 장이기 때문이다. 차라리 내가 있는 장소에서 지도를 켜고 근처 식당의 정보를 하나씩 보는 게 낫다. 리뷰와 음식 사진을 직접 확인하고 고른 식당들은 대체로 결과도 만족스럽다. 그뿐만 아니라 그 맛집을 찾아내기까지의 과정 역시 하나의 즐거운 여정이 되기 때문에 이 방식을 선호하는 편이다.

철판요리를 전문으로 하는 '렝게테이'라는 식당에 들어갔다. 주인 할머니가 우리를 맞이한다. 테이블 세 개, 그리고 카운터석 네 자리가 있는 조그마한 식당이다. 자리의 절반 정도는 손님들로 차 있었다. 전부 현지인 같았다. 벽면에 붙여진 메뉴판을 살펴보았다. 전부 일본어

다. 아무래도 잘 찾아왔다는 생각이 들었다.

서투른 일본어와 함께 일본인 같아 보이지 않는 행색의 우리가 들어오자 가게에 앉아 있던 모든 손님은 일제히 우릴 쳐다봤다. 그리고 자기들끼리 뭐라고 속닥이는 듯했다. "어, 외국인이다."라고 하는 건가. 사장님과 뭐라 일본어를 주고받더니 자기들끼리 깔깔거리며 웃기도 했다. 하긴 나도 동네 구석진 식당에 행여나 가끔 외국인 관광객이 들어오면 신기한 듯 쳐다보고는 했다. 딱 그런 시선이었다.

경서 덕분에 주문은 무난하게 했다. 여기서 먹은 음식은 모두 색달랐다. 우선 계란말이가 흔히 이자카야에서 먹던 것과는 다른, 훨씬 심심한 간에 보드라운 식감이었다. 다음은 테판야끼(鉄板焼き, 철판에 고기, 채소 등을 굽는 요리). 원래 알던 비주얼과 비슷했지만, 입안에서 풍기는 향이 사뭇 달랐다. 번화가에서 먹던 정형화된 음식과는 다른 독특한 맛이었다. 마지막으로 소바메시(そばめし, 고베 근로자들이 즐겨 먹었다던 서민 음식). 이건 처음 먹어보는 요리였다. 면과 밥을 비롯한 다양한 재료를 함께 볶은 요리인데, 마치 야끼소바(채소, 고기 등을 넣고 볶은 면 요리)에 밥을 얹어 볶은 느낌이었다. 매번 이런 색다른 음식을 먹을 때마다 "이게 진짜 오사카의 맛이구나!" 하고 감동한다.

주인 할머니는 하는 말마다 자신을 '엄마'라 칭했다. 아마도 친근함을 드러내는 표현인 듯하다. 경서는 끊임없이 나와 할머니 사이에서 이야기를 전달했다. 오사카에서 어딜 갈 때마다 경서가 있고 없고의 차이가 여행의 깊이를 달리했다. 그런 면에서 일본에 와서 일본어를 능숙하게 하지 못하는 건 늘 아쉬웠던 점이다. 할머니는 친절하면서도 유머러스하게 우리를 대했고 나가는 순간까지도 우리를 따뜻하게 배웅하셨다.

며칠 뒤 덴진바시 끝자락에 있는 덴마에 갔다. 이번에도 역시 구글 지도를 켜고는 근처의 식당을 찾았다. 높은 평점의 '야키토리 스미스 덴마'라는 닭구이 전문점이 있었다. 신세카이 맛집 '우토'에 다녀온 이후로는 일본의 닭요리에 대해 관대해졌다. 가게에 도착하니 이제 막 퇴근하고 온 듯한 직장인들로 가득했고 시끌벅적했다. 제대로 찾아온 듯하다.

이곳에서는 특이한 닭요리를 많이 먹었다. 우선 신세카이에서 먹었던 닭사시미. 일본말로는 '토리사시미'다. 지난번에 처음 먹었을 때만 하더라도 긴장되었는데 이제는 용기 있게 젓가락으로 한 점 집어 든다. 닭사시미의 겉면만을 살짝 익힌 '토리타다끼'도 먹었다. 참치타다끼처럼 겉은 훈연의 향이, 속은 사시미 같은 부드러움이 있다. 무려 손바닥만 한 크기의 닭날개 튀김도 먹었다. 이게 닭인지 칠면조인지 헷갈릴 정도로 상당한 크기였다.

무엇보다도 이 집의 별미는 '츠쿠네'라는 닭 완자 요리다. 한 번 주문하면 나오기까지 삼사십 분은 소요되는 음식이다. 닭의 연골과 살코기를 함께 갈아 만든 이 완자 요리는 오도독한 연골과 부드러운 살이 함께 씹혀 묘한 식감을 자아낸다. 평소에 쉬이 접할 수 없던 일본식 요리여서 그런지 한 입 한 입 정성스럽게 음미하며 츠쿠네를 먹었다.

오사카에 와서 맛집을 적극적으로 찾아다니지는 않았다. 맛집보다는 보고 경험하는 일에 더 중점을 두었기 때문이다. 하지만 덴진바시와 덴마에서는 참 열심히도 먹으러 다녔다. 한 달의 오사카를 되돌아보면 기억에 남는 음식들은 대부분 이 거리에서 먹었다. '모우리 라

멘'이라는 닭 육수 베이스의 라멘이 그랬고, '하루코마'라는 유명한 스시집도 그랬다. '마키노'라는 튀김집에서는 기름 솥에 직접 손을 넣어 즉석에서 튀겨주던 튀김이 어찌나 신기하던지. 보는 맛도, 먹는 맛도 둘 다 놓치고 싶지 않았다.

이 책을 통해 덴진바시와 덴마를 알리게 되어 기쁘다. 아직은 한국인들에게 덜 유명한 비밀의 먹자골목이니까. 누군가 이 책을 보고 생생한 현지 감성을 느끼고 맛있는 음식을 맛볼 거라 생각하니 뿌듯하다. 덴진바시와 덴마는 오사카에 두 번째 이상 방문한다면, 그리고 오사카를 한층 더 깊이 알아가고 싶다면 들러보기 좋은 곳이다. 특히 '으른' 냄새 나는 골목 감성을 좋아하던, 한때 직장인이었던 나에게는 더욱 그러했다.

가라오케에서 부른 18번 노래

잔카라 가라오케

유년 시절부터 노래방을 참 좋아했다. 내가 나고 자란 부산은 동네 곳곳에 노래방이 많았다. 중학교 시절, 학교가 끝나고 친구들과 종종 모였던 곳은 부산대학교 앞의 '케니 로저스 노래방'이니 '핑클 노래방'이니 하던 노래방들이다. 오래방에도 많이 갔다. 오래방은 보통 오락실에 있는, 동전을 넣고 한두 곡씩 부르는 노래방 기계다. 서울에서는 '코인 노래방', 줄여서 '코노'라고 부르는 그곳을, 부산에서는 '오락실 노래방'을 줄여 '오래방'이라 불렀다.

부산과 서울 양쪽에 각 20년 가까이 살아본 바로는 부산 사람들이 서울 사람들보다 훨씬 노래방을 좋아하는 듯하다. 우리나라 최초의 노래방도 1991년 부산 광안리에서 시작했다는 설이 있다. 아무래도 부산이 일본과 가까워서 그런 걸까. 어쨌거나 부산 사람으로서 노래방에 대해서는 할 말도 많고 추억도 많다.

이러한 한국식 노래방의 원조가 일본의 '가라오케'라는 사실은 많이들 알고 있다. 일본에서 시작된 가라오케의 어원도 재미있다. 가짜를 뜻하는 '가라'와 오케스트라의 '오케'가 합쳐져 만들어진 단어다. 즉 가짜 오케스트라, 라이브 연주가 아닌 기계음 반주에 맞춰 노래를 부르는 설비를 뜻한다. 흥미로운 어원이다.

일본에 왔으니 가라오케에 한번 가보고 싶었다. 길거리에 가라오케가 보일 때마다 "가라오케 한 번은 가야 하는데…" 생각했다. 그렇다고 선뜻 발길이 내키지는 않았다. 요금이 비싸지는 않을까, 괜히 잘못 들어갔다가 호스트바와 같은 엄한 유흥시설 같은 데면 어떡하나 하는 걱정 때문이었다. 그저 바라만 보다 "언젠가 갈 일이 있겠지!" 하며 지나치고는 했다.

하루는 경서가 한일교류 모임에서 새로 사귄 유하 상을 함께 만났다. 유하 상은 재일교포 3세다. 오사카에서 나고 자라 지금까지 오사카에 살고 있다. 어릴 때는 재일 조선학교에 다녔고 이후에도 계속 한국어에 관심을 가져서 삼 남매 중에서는 한국말을 가장 잘한다고 했다. 우린 철판요리 집에서 오코노미야끼를 구우며 이야기를 나누었다. 한국 문화를 좋아하는 유하 상과의 대화 주제는 역시나 대부분 한국 드라마와 케이팝, 그리고 BTS였다. 식사를 마치고 식당을 나와 헤어지려는데 유하 상은 나와 경서를 빤히 쳐다보더니 물었다.

"우리 가라오케 같이 갈까요? 가서 케이포뿌 노래 불러줄 수 있어요?"

그렇게 나의 첫 가라오케에 입성했다. 그것도 오사카 사람과 함께.

일본에는 유명한 가라오케 프랜차이즈가 둘 있다. 하나는 빅에코, 또 하나는 잔카라다. 난바의 한 잔카라 가라오케에 들어갔다. 1층 입구에 들어갔는데 순간 흠칫 놀랐다. 웬 남자 둘이 로비에서 노래방 화면을 보며 노래를 부르고 있는 거였다. 우리가 들어 왔음에도 그들은 아랑곳하지 않았다. 심지어 자신감 넘치는 표정과 목소리로 자신들이 부르는 노래에 심취해 있다. 당황스러웠다.

"이건 내가 생각한 가라오케가 아닌데. 설마 여기서 이 사람들과 같이 노래를 부르는 건가."

유하 상에게 물었다. "우리도 여기에서 부르는 거예요?"

유하 상은 어떻게 그렇게 생각했냐는 표정과 함께 웃으며 대답했다. 여기가 아니라 위에 방이 따로 있다고. 그럼 그렇지. 아무리 그래

도 노래방 입구에서부터 열창하는 다른 손님을 만난 건 당황스러운 일이었다.

안내를 받아 엘리베이터를 타고 올라갔다. 알고 보니 1층부터 9층까지 전체가 가라오케 건물이다. 6층에 내리니, 마치 호텔 복도처럼 쭉 방이 들어서 있었다. 그중 우리에게 배정된 방으로 들어갔다. 드디어 일본 가라오케에 오다니. 유년 시절부터 부단히 노래방에서 방구석 가수를 꿈꿨던 나로서는 노래방의 본고장 일본의 가라오케에 입성한 게 큰 의미다. 한국식 노래방보다는 밝은 분위기의 내부 조명과 인테리어로 꾸며져 있었다. 한국과 비슷한 듯 다르게 생긴 모니터 화면, 버튼식이 아닌 액정 터치 방식의 리모컨 등 기기 하나하나마저도 신기했다.

한국 노래방과는 다른 일본 가라오케만의 특징도 몇 있었다. 하나는 음료다. 한국 노래방에서는 대부분 물조차도 사서 마신다. 반면 가라오케는 물을 포함한 각종 소다 음료가 전부 무료였다. 그것도 무제한이다. 의외였다. 오히려 우리나라는 식당에 가면 물이든 반찬이든 대부분 무제한이지만 일본은 작은 반찬 하나라도 추가 요금이 발생하는데 말이다.

두 종류의 리모컨이 있다는 점도 또 다른 특징이다. 하나는 노래 검색용, 또 하나는 음식 주문용이다. 가라오케 내에서 리모컨으로 음식과 술을 주문하면 직원이 가져다준다. 그렇다고 해서 우리나라 노래 주점처럼 '부어라 마셔라' 식의 음주가무를 즐기는 건 아니다. 가볍게 먹을 음식이나 음료를 곁들이는 식이다. 모든 비용은 가라오케를 다 이용한 뒤에 지불하는 점도 한국 노래방과 달랐다.

오사카에서 나고 자라 사실상 일본인이나 다름없는 유하 상이지만 그녀의 케이팝은 수준급이었다. 그녀가 가장 좋아한다는 BTS의 노래는 대부분 알뿐더러 한국의 꽤 오래된 노래까지도 꿰고 있었다. 이를테면 2001년에 나온 UN의 〈파도〉라든지 2007년에 나온 빅뱅의 〈거짓말〉이라든지 하는 노래다. 빅뱅의 거짓말을 틀고는 유하 상에게 이 노래를 아는지 물었다. 유하 상은 〈거짓말〉의 전주를 유심히 듣더니 눈을 번쩍이며 외쳤다.

"아! 비끄방그! 알아요, 비끄방그! 지도라곤!"

경서와 나는 한참을 웃었다. 빅뱅을 '비끄방그'라고 하는구나. 맥도날드를 말하는 '마끄도나르도' 이후로 두 번째로 충격적이었던 일본식 영어 발음이다.

가라오케에서 일본 노래를 몇 개 불렀다. 그중에서도 내가 가장 좋아하는 '사잔 올 스타즈(サザンオールスターズ, Southern All Stars)의 〈TSUNAMI〉(이하 '쓰나미')를 부른 순간을 잊지 못한다. 우리나라에서는 '브이원(V.One)'으로 알려진 가수 강현수 씨가 〈그런가봐요〉라는 제목으로 리메이크한 노래의 원곡이다. 앞서 짱구 덕후로 소개했던, 보컬 트레이너가 본업인 영준이는 고등학교 시절 내가 부르는 쓰나미를 듣고 이렇게 말했다.

"야, 이 노래 니 목소리랑 잘 어울린다. 니 비음이랑도 어울리고 감성이 딱 니 감성이네."

그 후 이 노래는 나의 18번이 되었다. 부를 줄 아는 몇 안 되는 일본 노래이기도 하다. 한국 노래방에서 아마도 100번도 넘게 불렀을 이 일본 노래를 일본의 가라오케에서 부른다는 건 그만큼 큰 의미였다. 얼마나 많이 불렀던지 가사도 줄줄 외우니 말이다. 유하 상은 내가 부르는 〈쓰나미〉를 듣더니 깜짝 놀랐다. 이 노래를 부를 때만큼은 일본어 발음이 너무 좋다며. 나는 씩 웃으며 속으로 대답했다.

"당연하죠. 100번도 넘게 불렀으니깐요."

노래방을 너무나도 좋아하던 부산의 한 중학생은 20년이 지나고서 오사카에서 소소한 버킷리스트 하나를 이루었다.

오늘은 내가 컵누들 요리사

닛신 컵누들 박물관

컵라면 안 좋아하는 한국인이 있을까. 건강을 위해 적게 먹거나 일부러 안 먹는 사람이야 있겠지만 그 맛을 싫어하는 사람은 거의 없을 거다. 만약 한국인의 소울푸드 대상을 뽑는다면 컵라면은 아마도 쟁쟁한 1위 후보가 될지도 모른다.

한국인들의 컵라면 사랑은 가히 전 생애에 걸쳐 나타난다. 학창 시절 편의점에서 밥 대신 컵라면에 삼각김밥을 곁들이는 건 20년 전 나 때나 요즘 청소년들이나 마찬가지다. 청소년기에는 왜 그렇게 라면이 맛있었는지. 매일 라면만 먹고도 살 수 있을 거라는 생각도 했다.

군대에서는 또 어떤지. 추운 야외 훈련이나 근무를 마치고 돌아와서 뜨거운 물을 붓고 면이 채 익기도 전에 호호 불어가며 먹던 컵라면은 얼어붙은 몸과 마음을 녹여주었다. 육개장 사발면을 익히지 않고 큼지막하게 부순 뒤 스프를 뿌려 스낵처럼 먹기도 했다. 지금도 가끔 생각나면 만들어 먹는 별미다. 어른이 되어서도 마찬가지였다. 가끔은 밥을 차리기가 귀찮거나 심지어는 냄비에 라면 물마저 올리기 귀찮을 때가 있다. 그럴 때마다 컵라면은 커피포트 버튼 하나 딸깍 누른 후 끓는 물을 붓기만 하면 완성되는 세상 편한 간편식이다.

컵라면이 일본에서 만들어졌다는 사실을 알고 있는가. 일본 식품회사 닛신의 창업자 안도 모모후쿠는 1971년 세계 최초로 컵라면인 '컵누들(Cup Noodle)'을 출시했다.

오사카에는 닛신이 운영하는 컵누들 박물관이 있는데 단순히 컵누들의 역사만 전시하는 박물관이 아니다. 500엔을 내면 컵누들 용기를 직접 디자인하고 컵라면에 들어가는 스프와 토핑도 직접 고르는 매력적인 체험도 있다. 특히 오사카 어린이들이 많이 방문한다고 하니 더욱 솔깃했다.

지하철을 타고 오사카에서 꽤 북쪽으로 올라가서 이케다 역에 내렸다. 오사카 도심과는 다른 한적한 소도시 느낌이다. 여행을 다니다 보면 도심을 벗어나 외곽 지역에 오는 일이 가끔 있다. 이런 곳에 오면 일본 애니메이션에서나 보던 잔잔한 마을 풍경을 볼 수 있다. 관광객 하나 없는 한적한 마을을 우연히 찾아내는 건 오사카 한 달 살기의 소소한 기쁨 중 하나였다.

박물관 안으로 들어서면 수백 종의 컵라면 용기로 벽면과 천장이 도배된 컵라면 터널을 지나게 된다. 박물관의 포토존과 같은 곳이다.

1971년 첫 컵라면 출시 이후 지금까지 무려 53년 동안 출시된 800여 종의 컵라면을 모아둔 터널이다. 이러한 시간을 거쳐 한 기업만의 고유한 역사가 생기지 않을까. 이게 곧 브랜드의 역사가 되고 나아가 기업 고유의 유산, 즉 '헤리티지'가 된다. 고객은 헤리티지를 가진 브랜드에 자연스럽게 충성도가 생기기 마련이다.

닛신이 세계 최초의 컵라면을 출시한 이듬해인 1972년, 우리나라에서도 삼양이 국내 최초 컵라면을 출시한다. 1981년에는 농심이 가세했다. 닛신 못지않게 긴 역사를 가진 우리나라의 라면 회사들도 현장에서 고객과 만나는 접점이 늘어나면 좋겠다. 더욱이 불닭볶음면과 같은 K-라면이 세계적으로 엄청난 인기를 끌고 있는 요즘은 더욱 그러하다.

컵라면의 역사는 간단히 구경하고 본격적으로 컵라면 만들기를 체험하는 구역으로 자리를 옮겼다. 체험용 용기 자판기에 500엔을 넣으면 'My Cup Noodle Factory'라는 글자가 쓰인 컵라면 용기가 하나 나온다. 반대쪽 면은 아무것도 쓰여있지 않고 비어 있다. 이 부분이 원하는 대로 디자인할 수 있는 면이다.

투명 플라스틱으로 된 컵라면 뚜껑도 하나 나왔다. 처음엔 완성된 컵라면을 포장할 때 쓰는 뚜껑이라 생각했다. 그런데 안내 직원이 돌아다니면서 뭐라고 말한다. "그림을 그리는 동안 뚜껑을 열지 마세요." 알고 보니 컵라면 용기를 디자인하는 동안 용기 내부에 이물질이 들어가는 걸 막아주는 용도였다. 이런 섬세한 일본인들 같으니라고. 가끔 예상치도 못한 일본인들의 섬세한 감각을 마주할 때마다 흠칫흠칫 놀라고는 한다. 일본 여행을 오고 또 와도 매번 재미있는 이유다.

재잘재잘 떠들며 용기에 그림을 그리는 일본 어린이들 사이에 나도 한 자리를 잡고 앉았다. 자리에는 십여 가지 색깔의 유성 사인펜이 놓여 있다. 문득 초등학교 시절이 떠올랐다. 초등학생 때는 방학 숙제나 조별 활동에서 꾸미기를 하는 일이 많았다. 당시 나는 남자아이치고는 꾸미기를 잘하는 편이었다. 웬만한 여자아이들도 내가 해온 과제물을 보고 견제하고는 했으니 말이다. 알록달록 형형색색 이런저런 글자와 그림을 섞어가며 과제물을 꾸미는 일이 내 적성에는 맞았던 것 같다.

그때를 떠올리며 일본 어린이들 사이에서 소싯적 실력을 발휘했다. 사실 처음 생각했던 이 책의 제목은 '어쩌다 오사카'였다. '어쩌다' 출국 2주 전에 오사카 한 달 살기를 결정하고, 아무 계획 없이 '어쩌다' 하루하루를 보내는 일상을 담은 책을 쓸 심산이었기 때문이다. 이를 기념하기 위해 컵라면 용기에 '어쩌다 오사카'와 이를 일본어로 번역한 'たまたま大阪·타마타마 오사카'라고 썼다. 거기에 닛신의 마스코트 병아리 히요코짱을 그리고 'おいしい·오이시이'라고 쓰니 그럴듯한 디자인이 완성되었다.

용기 디자인을 마치면 컵라면에 넣을 분말스프와 토핑을 고를 차례다. 분말스프는 일반, 해물, 카레, 토마토 네 가지 중 하나를, 토핑은 새우, 돼지고기, 달걀, 치즈, 파를 비롯한 열두 가지 중 네 가지를 고른다. 토핑에는 신기하게 김치도 있다. 건강한 단백질 라면을 만들고 싶

던 나는 카레 스프와 함께 카레에 어울리는 돼지고기, 달걀, 치즈 위주의 토핑을 골랐다. 하나하나 고심해서 고르는데, 어찌나 신중해지던지. 함께 스프와 토핑을 고르고 있는 어린이들과 영락없이 비슷해진 내 모습이 웃겼다. 스프와 토핑을 모두 고르고 나면 은박 뚜껑으로 실링 작업을 한다. 처음에 받았던 투명 뚜껑이 아닌, 진짜 컵라면 뚜껑을 포장하는 셈이다. 마지막으로 비닐 포장을 하면 모든 체험 코스가 끝난다.

완성된 나만의 컵라면을 받아 들고는 박물관 2층도 잠시 둘러보았다. 2층에서는 다른 체험이 진행되고 있었다. 자세히 살펴보니 봉지라면을 만드는 체험이다. 컵라면과는 달리 소요 시간이 오래 걸려서 이 체험은 사전에 예약해야 한다는 안내를 받았다. 잠시 서서 구경만 했다.

2층 체험 공간에는 주로 아이와 함께 온 부모가 많았다. 체험하는 사람들의 머리에는 닛신의 마스코트 히요코짱이 그려진 두건이 모두 씌워져 있다. 어른, 아이 할 것 없이 귀여운 두건을 쓰고 진지하게 체험에 임하는 모습이 어찌나 귀엽던지. 그 틈에 나도 껴있고 싶었다.

닛신 컵누들 박물관 체험을 마치며 일본 기업의 마케팅에 대해서 생각해 보았다. 고객의 브랜드 경험은 곧 그 브랜드에 대한 충성도로 이어진다. 즉, 한 번 깊은 인상을 경험한 브랜드는 고객들이 계속해서 찾게 된다. 나 역시 체험 이후에 슈퍼마켓이나 편의점에 가면 닛신의 어떤 컵누들 제품이 진열되어 있는지 살펴보고는 했으니 말이다. 진열된 컵누들을 보고 박물관에서 컵누들을 만들었던 일을 떠올리며 괜히 하나 집어 오고는 한다. 이처럼 고객 경험을 활용하는 마케팅은 확실히 일본이 잘하는 거 같다. 브랜드와 함께하는 추억을 만들어 주고 계속해서 떠오르게 한다. 브랜드 친밀도를 높이는 일이다. 이처럼 당장 매출이 아니더라도 브랜드 정체성을 확립하기 위해 중장기적으로 투자하는 일이야말로 기업의 좋은 마케팅 활동이다. 고객에게 즐거운 추억까지 주면서 말이다.

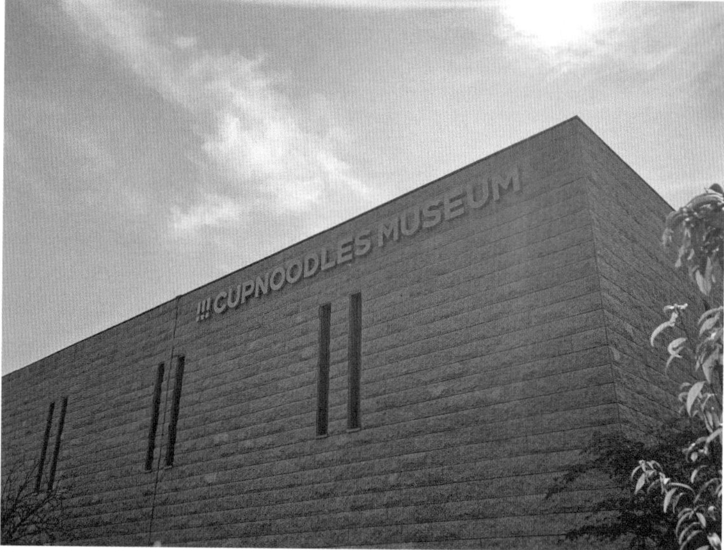
CUPNOODLES MUSEUM

맥주 맛도 모른다고?
이제는 좀 압니다만

아사히, 기린, 산토리 - 3대 맥주 공장 투어

"맥주 맛도 모르면서."

2010년을 강타한 국내 한 맥주회사의 광고 문구다. 맥주는 그저 시원하고 탄산 쏘는 청량한 맛이라고만 알고 있던 대다수 대한민국 국민에게 "그래서 과연 맥주 맛이 무엇인가?"를 고찰하게 만든 명카피다. 나 역시 이 광고를 보고 나서는 한동안 "이 맥주는 향이 어떻고~ 맥아가 어떻고~ 홉이 어떻고~" 하는 어디선가 주워들은 잡지식을 풀며 맥주 맛에 대해 논하고는 했으니 말이다.

오사카에 와서 되도록 술은 안 마시려 했다. 아무래도 정신이 흐트러지는 기분도 별로고, 체력 관리가 중요한 한 달 살기에서 술이 안 좋은 영향을 미칠까 조심했기 때문이다. 하지만 워낙 맥주가 유명한 일본이다 보니 전혀 안 마실 수는 없었다. 가끔은 그 맛이 궁금해서 시원한 맥주 한 모금을 식사와 곁들였다.

하루는 난바를 걷다가, 전부터 지나다니며 종종 눈에 들어왔던 한 맥줏집에 들어갔다. '기린시티 플러스 난바시티'라는 가게였다.

"기린에서 직접 운영하는 맥줏집의 생맥주는 어떨까? 아마도 훨씬 맛있지 않을까?" 단순히 이런 생각으로 가게에 들어가 맥주를 한 모금 들이켰다. 그리고 추측은 정확히 들어맞았다. 지나치게 톡 쏘지 않으면서도 풍미 가득한 향, 그러면서도 '싱싱하다'라는 표현이 어울렸던 그 맥주에서 진짜 '맥주 맛'을 보고야 말았다. 경서와 나는 연신 감탄하기에 바빴다. 이래서 일본 맥주, 일본 맥주 하는구나!

문득 오사카 근교에 맥주 공장이 몇 있다는 블로그 글을 본 게 생각났다. 오사카 스이타의 아사히 공장, 고베의 기린 공장, 교토의 산토리 공장이다. 각 맥주 공장은 고객들을 대상으로 공장 투어 및 맥주 시음 프로그램을 운영 중이었다. 가격도 저렴하고 꽤 알찬 프로그램이다 보니 주말은 향후 한두 달 예약이 대부분 차 있었다. 평일의 빈 날짜와 시간대를 찾아 세 군데 맥주 공장 투어를 모두 예약했다.

아사히 스이타 공장

지하철 사카이스지 선을 타고 북쪽으로 쭉 올라가서 스이타역에 내렸다. 역에서 10분 정도 걸어 공장 앞에 다다르니 맥주 공장의 야

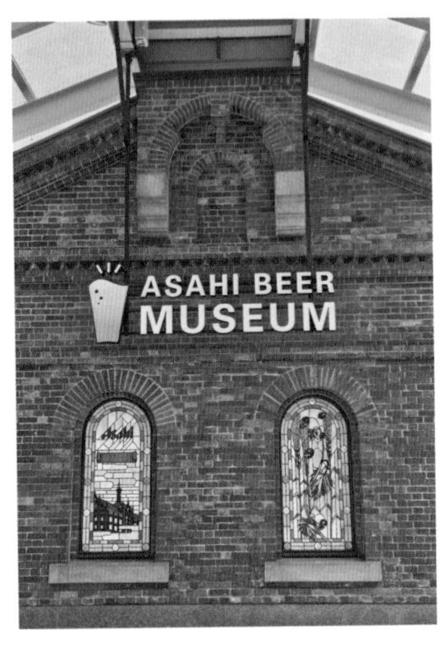

외 창고가 보인다. 창고에는 엄청난 높이로 무언가가 쌓여 있는데 자세히 보니 병맥주 상자들이다. 대충 봐도 내 키의 네다섯 배 정도의 맥주 상자가 쌓인 모습을 보니 맥주 공장에 왔음이 실감 났다.

공장 벽면에는 'Asahi', 그리고 'since 1889'라고 쓰인 커다란 글자가 걸려 있다. 1889년. 무려 136살 된 장수 회사다. 136년 전 아사히는 스이타에 일본 최초의 맥주 공장을 설립했다. 100년이 넘는 세월 동안 맛있는 맥주를 만들기 위해 얼마나 많이 고민해 왔을까. 오래된 역사에 압도되는 기분으로 공장에 들어갔다.

맥주회사 입장에서는 고객과 직접 대면하는 마케팅 활동이다 보니 각 회사가 주력하는 맥주를 집중적으로 홍보한다. 아사히의 주력 상품은 '아사히 슈퍼 드라이(Asahi Super Dry)'다. 일본식 발음으로는 '아사히 수파 도라이'. 투어 중간중간에 나오는 홍보 영상에서도, 가이드 직원의 입에서도 연신 "아사히 수파 도라이!"라는 발음이 나와서 괜히 웃음이 새어 나왔다.

슈퍼 드라이는 말 그대로 드라이하다. 목 넘김이 부드럽고 청량한 느낌이 강조된다. 1987년에 나온 이 맥주는 기린, 산토리 등 후발주자의 견제를 받던 당시 아사히를 일본 맥주 일인자로 자리매김하게 해주었다.

아사히 공장 투어는 3사 중 가장 세련되고, 최신식이다. 특히 눈길을 끄는 건 아사히 맥주의 생산 공정을 체험하는 다양한 설비다. 마치 게임을 하는 듯 스크린을 통해 아사히 맥주가 어떤 과정을 통해 생산되는지를 현장감 있게 볼 수 있다. VR 장비도 있다. 일인칭 시점에서 마치 내가 맥주가 된 듯 맥아에서부터 시작해서 발효와 포장을 거쳐 최종 제품으로 탄생하는 과정을 생생하게 체험할 수 있다.

가장 흥미로운 건 놀이공원에 가면 있을 법한 가상 롤러코스터 같은 설비다. 화면을 마주하고 앉으니, 마치 4D 영화관에 온 듯한 상황이 연출되었다. 의자가 좌우 앞뒤로 움직이고 바람과 물이 나오면서 마치 롤러코스터를 타듯 화면 속 가상의 맥주 공장 구석구석을 누빈다. 현장감 있는 상황이 연출될 때마다 함께 탑승한 관람객들은 탄성을 지르며 즐거워했다. 이 시설 그대로 놀이공원에 내놓아도 먹히겠다는 생각이 들 정도로 괜찮았다. 이런 점이 기린이나 산토리에서는 볼 수 없던 차별점이다.

스크린 투어가 끝나면 맥주를 포장하는 공정을 둘러본다. 공장의 자동화된 공정을 직접 눈으로 보는 일은 흥미롭다. 평소에 자주 못 하는 구경거리일뿐더러 "저런 것도 자동으로 가능해?" 할 정도로 모든 게 자동화된 공장의 기술력에 새삼 놀라기 때문이다.

모든 투어가 끝나면 대망의 시음 순서다. 시음은 별도로 마련된 카페테리아에서 진행된다. 마치 맥주 바에 온 듯 아사히에서 출시한 다양한 종류의 맥주 디스펜서가 있었다. 처음 마신 건 역시 아사히를 대표하는 아사히 슈퍼 드라이다.

음료는 뭐든 갓 만들어 내면 맛있다. 갓 추출한 에스프레소 커피가 그렇고 갓 짜낸 오렌지 주스가 그렇다. 맥주도 그랬다. 양조장에서 갓 뽑아낸 맥주라니. 술을 되도록 안 마시겠다는 각오는 잠시 덮어둔 채 이건 일본 문화를 체험하기 위한 거라고 스스로 합리화하며 첫 모금을 마셨다. 역시나 싱싱했다. 난바 기린시티에서 마셨던 싱싱함이 여기서도 느껴졌다. 맥주지만 '싱싱하다'라는 표현이 가장 잘 어울렸다.

둘째 잔은 부드러운 거품이 올려져 있는 다른 맥주를 받았다. 맥주잔을 받아 들고 보니 카푸치노에서나 볼 법한 진한 거품이 올려져 있고 그 위에는 아사히 맥주 공장을 나타내는 귀여운 레터링이 쓰여 있었다. 마치 예쁜 라테아트 작품을 보는 듯해서 '비어아트'라고 불러도 될 것 같았다. 귀여운 레터링이 등장하니 사람들은 마시기 전에 사진부터 찍어댔다. 공장에서 이와 같은 잊지 못할 체험을 하고 나면 오랜 기간 고객들의 기억에 남을 것이다. 이런 기억 하나하나가 모여 일본에 관한 좋은 추억으로 남지 않을까.

기린 고베 공장

사실 맥주 공장 투어 중 가장 기대했던 건 기린이다. 난바 기린시티에서 마신 맥주 때문에 이 투어를 시작했으니 말이다. 여느 때보다 일찍 고베 공장에 도착했다. 로비에서 잠시 기다리는데 가이드 직원이 투어 프로그램에 대한 안내지를 가져다주었다. 그런데 이게 웬일. 전부 한국어다. 유명 관광지야 그렇다 치더라도 이런 곳에서까지 한국어를 만나면 그렇게나 반가울 수가 없다.

기린에서는 어려 보이는 한 여자 직원이 투어를 진행했다. 누가 봐도 이제 막 사회생활을 시작한 듯한 앳됨이다. 등장부터 고객 하나하나를 바라보는 그녀의 눈빛은 근래에 본 그 어떤 눈빛보다도 밝게 빛났다. 말이나 행동이 조금은 어설펐지만 잘 해내고야 말겠다는 의지가 가득한 사회 초년생의 모습이다. 내가 저 기분을 잘 알지. 작은 실

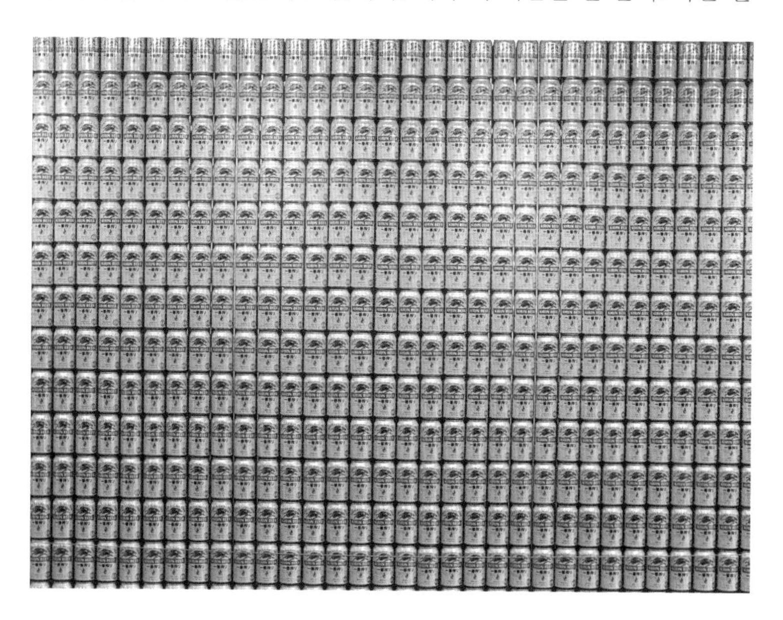

수가 있어 조금 헤맬 때는 나까지도 함께 마음을 졸였다. 응원하는 마음으로 그녀의 안내에 더 귀를 기울였다.

기린이 주력하는 맥주는 '이치방 시보리'다. '이치방'은 처음, '시보리'는 짜낸다는 뜻이다. 즉 처음 짜낸 맥아즙만 사용한다. 일반적으로 맥주는 처음과 두 번째 짜낸 맥아즙을 혼합한다. 맥아를 한 번만 짜내고 버리면 아무래도 원가가 비싸지고 생산성이 떨어지기 때문이다. 그런데 이치방 시보리는 원가가 비싸지더라도 처음 짜낸 맥아즙으로만 맥주를 만든다. 그렇기에 맥주 향이 강하고 보리 본연의 깊은 풍미가 난다. 맥주 향을 줄이고 청량함을 강조하는 아사히의 슈퍼 드라이에 정면 대응하는 기린의 전략으로 보인다.

아사히 공장이 세련된 느낌이라면 기린은 고전적이면서도 본질에 집중하는 느낌이다. 귀여운 요소도 많았다. 특히 벽면에 맥아를 표현한 아기자기한 물방울 구멍이나 그 구멍에서 고객들이 마셔볼 수 있는 맥아즙의 샘플 잔이 나오게 하는 연출이 그랬다. 맥아의 발효 과정을 귀여운 애니메이션으로 표현하기도 했다. 대부분의 영상이 컴퓨터그래픽으로 만들어진 아사히와는 사뭇 느낌이 달랐다.

특히 기린은 특별한 감동을 주었다. 아사히 공장에서는 영상이든 종이 홍보물이든 한국어를 단 하나도 볼 수 없었다. 물론 이게 이상한 일은 전혀 아니다. 여긴 일본이니까. 그런데 기린에서는 처음 제공된 한국어 안내 자료부터 영상에도 전부 한국어 자막이 나오고 있었다.

이 점이 너무 신기해서 투어가 끝나고 직원분께 따로 고마운 마음을 전했다. 직원은 웃으며 설명했다.

"보통 방문객이 다국적이면 영어로 제공되는 게 일반적인데요. 그런데 마침 오늘은 외국인 관광객이 두 분밖에 없어서 한국어 자막으로 준비했습니다. 만족스러우셨다니 저희도 다행입니다."

세심한 배려로 느껴졌다. 영어 자막 하나만 내보내도 전혀 문제없었을 상황인데 말이다. 오랫동안 잊지 못할 따뜻함이었다.

가이드 직원은 가이드 중간중간에 일본어로 설명한 내용을 영어로 다시 안내했다. 외국인인 우리를 위한 보충 설명이다. 다만 그녀도 영어가 아직 그리 익숙하지는 않았던지 별도로 준비된 대본을 더듬더듬 읽었다. 아마도 영어 대본은 아직 읽은 적이 몇 번 없었는지 사뭇 진지하게 또박또박 읽는 모습이었다. 행여나 우리가 투어에 잘 따라오지 못할까 계속해서 신경 써주는 모습이 투어 내내 고마웠다. 비록 그녀의 능숙한 일본어든 서툰 영어든 나로서는 둘 다 못 알아듣기는 매한가지였지만.

시음 순서가 되었다. 맥주 맛은 역시나 '말해 뭐해'다. 난바 기린시티에서 우리의 입맛을 사로잡았던 맥주 풍미가 여기서도 고스란히 느껴졌다. 가이드 직원은 우리 쪽으로 와서 "오늘 투어는 어떠셨나요?" "맥주는 입에 잘 맞으시나요?"라고 질문하며 끝까지 우리를 섬세하게 챙겼다.

샘플러를 시음할 때는 안내지를 함께 나눠주었다. 이럴 수가. 이 안

내지마저 한국어로 되어 있었다. 오사카를 비롯한 일본의 어떤 관광지에서도 이보다 한국어 자료를 완벽하게 준비해 둔 곳은 없었는데. 친절한 직원들과 맛있는 맥주, 세심한 한국어 서비스까지 어느 하나 빠지지 않는 완벽한 투어였다.

산토리 교토 공장

산토리는 일본 맥주 중에서는 상대적으로 인지도가 낮다. 반면 최근 하이볼 열풍으로 위스키 인지도가 높은 브랜드다. 특히 2024년 세계적으로 품귀 현상까지 빚은 히비키나 야마자키 위스키도 모두 산토리 제품이다. 실제로 1929년 출시된 산토리 위스키가 산토리의 시작이고, 맥주는 훨씬 나중인 1963년에 출시되었다. 그래서인지 산토리에는 맥주 양조장 투어뿐만 아니라 산토리 야마자키 증류소 투어도 있다. 이곳의 예약 경쟁은 맥주 공장보다 훨씬 치열해서 보통은 몇

달 전에 예약해야 한다.

산토리 공장 입구에 들어서자 직원들이 손님들을 맞이했다. 일본어가 서툴다고 말씀드리자 곧바로 영어로 오늘의 투어 내용을 친절하게 설명해 주었다. 로비에 들어서자 푸른 숲 사진이 곳곳에 보였다. 맑고 깨끗한 자연을 강조하는 걸까. 산토리 교토 공장의 정식 명칭인 '산토리 천연수 맥주 공장'에서 '천연수'라는 단어가 뇌리에 박혔다. 아사히가 청량하고 드라이한 맥주를, 기린이 처음 짜낸 맥아의 맛을 강조한다면, 산토리는 천연 원료를 강조하는 듯하다.

특히 산토리는 천연수의 물맛을 강조한다. 투어 내내 물에 관한 설명이 반복되었으니 말이다. 물이 전부라고 해도 될 맥주에서 물맛에 신경을 쓴다는 강조는 꽤 그럴듯한 설득으로 다가왔다.

이 외에도 가장 좋은 품질의 '몰츠(malts·맥아)'와 홉을 사용한다는 점이 산토리 맥주의 홍보 포인트였다. 그래서인지 산토리가 주력하는 맥주의 이름은 '산토리 더 프리미엄 몰츠'다.

천연의 싱싱한 재료를 강조하는 산토리답게 공장 투어도 가장 생생했다. 가장 차별화된 점은 맥아를 추출하고 발효하는 대형 탱크를 바로 눈앞에서 볼 수 있다는 것이다. 어쩌면 제조 기밀일 수도 있는 이 공정을 산토리는 과감하게 공개하고 있었다. 탱크가 모여 있는 실내의 문을 열자 뜨거운 열기가 곧바로 느껴졌다. 금세 이마에 땀이 맺힐 정도의 열기였다. 찜질방에 황토방이나 맥반석방처럼 '맥아 방'이 있다면 이런 느낌일까. 그 팔팔 끓는 열기와 함께 고소한 맥아의 향이 콧속으로 스며드니 내가 맥주 공장에 와있다는 게 온몸으로 느껴졌다.

산토리에서는 설명을 듣고 시음하는 박물관과 공정이 이루어지는 공장이 다소 떨어져 있었다. 그래서 박물관에서 공장으로 이동할 때

는 셔틀버스를 타고 이동했다. 버스를 타고 이동하는 동안에는 공장 외부 전경이 하나하나 눈에 들어온다. 마치 에버랜드 사파리 버스를 탄 기분이다. 아사히나 기린에서는 정해진 경로 내에서 제한된 체험을 하는 느낌이라면 산토리에서는 훨씬 풍부하고 다채로운 체험을 하는 느낌이었다.

버스를 타고 이동하면서도 가이드 직원은 무언가를 계속 설명했다. 그럴 때마다 일본어를 잘 알아들을 수 없는 게 어찌나 아쉽던지. 이날은 통역해 줄 경서마저 없었다. 하지만 일행들이 흥미롭게 듣는 모습을 바라보는 것만으로도 그들과 함께 이 투어에 푹 빠져드는 것 같았다. 그들 틈에서 혼자 괜히 어색하지 않게 그들이 끄덕일 때 따라 끄덕이고 웃을 때 따라 웃었다.

시음 순서까지 모두 끝나고 번역기 앱을 켜서는 안내 직원에게 보여주었다.

"아사히, 기린 공장을 모두 다녀왔는데, 여기가 가장 좋았어요."

동시에 엄지손가락을 치켜세우며 "이치방데스(최고예요)!"라고 외쳤다. 직원은 갑자기 내가 핸드폰으로 들이밀자 잠시 놀라는 듯했다. 그러나 이내 내가 번역기에 쓴 내용을 읽고는 밝게 웃었다. 그러고는 "아리가또 고자이마시타!"라고 연신 말했다. 그 모습을 보니 말해주길 잘했다는 생각이 들었다.

일본의 성장은 맥주와 함께였다

삿포로 맥주 광고에서 일본을 대표하는 미남 배우이자 가수 기무라 타쿠야는 이렇게 말했다.

"일본의 성장은 맥주와 함께였다."

맥주에 관한 일본인들의 생각을 엿볼 수 있는 부분이다. 오사카 맛집 소개로 유명한 유튜브 '오사사(오사카에 사는 사람들)'의 마츠다 부장 역시 어느 맛집에 가든 요리가 나오기 전 맥주부터 한잔 시원하게 들이켜고 본다. '일단 맥주부터'라는 말이 있을 정도로 맥주를 좋아하는 일본의 음주문화다.

한 나라를 대표하는 술에는 서민들의 애환과 희로애락이 담겨있다. 우리나라의 소주가 그렇고 러시아의 보드카가 그러하다. 그런 면에서 일본을 대표하는 술은 맥주가 아닐까. 어떤 식당에 가도 시원한 생맥주 한 잔 팔지 않는 곳이 없었다. 아름다운 벚꽃 아래에서도, 한적한 공원에서도, 시끄러운 야구장이나 축구장에서도 맥주를 즐기는 일본인들을 만났다. 맥주 공장만 하더라도 그렇다. 일본을 대표하는 맥주회사들이 대중에게 공장을 공개하고 초청한다는 건 그만큼 맥주를 사랑하는 일본인들과 가깝게 소통하고 싶어서일 것이다. 우리나라에도 이런 투어가 많아졌으면 좋겠다.

각 맥주회사의 특징과 나의 선호가 무엇인지도 알게 되었다. 아사히는 명실상부 1등 브랜드다. 믿고 마신다. 청량하고 시원한 맛이 특징이라 맥주를 잘 몰라도 누구나 쉽게 입문하기 좋다. 기린은 '이치방 시보리' 하나만 기억하면 된다. 처음 짜낸 맥아의 고소한 향으로 인해 어떤 맥주보다도 풍미가 좋다. 원가가 더 들어감에도 불구하고 맛과 향을 고집하는 기린의 철학이 담겨있다. 산토리는 화려하다. 천연의 고유한 맛을 강조하는 특징답게 홉의 향도 강하고 산토리만의 독특한 맛이 느껴진다. 지극히 개인적인 취향으로 고르라면 풍미 가득한 기린의 이치방 시보리가 내 마음속 1등이다.

각 공장에서 만난 안내 직원들도 하나하나 기억에 남는다. 처음부터 끝까지 매끄럽게 안내를 진행했던 아사히 직원, 열정 가득한 눈빛으로 가이드에 임했던 기린의 사회 초년생 직원, 하나라도 더 알려주고 싶어 가이드 내내 부지런히 설명하던 산토리 직원까지. 자기 일에 최선을 다하고 책임감 있게 임하던 모습들이 인상적이다. 나는 일할 때 그만큼 최선을 다했던가. 그렇지만은 않았던 지난날들이 떠올라 씁쓸한 마음이 든다.

맥주 공장을 다니며 배운 건 맥주 맛뿐만 아니라 성실함이라는 일본인의 국민성이었다. 어쩌면 일본이라는 나라가 30년의 긴 경기침체에도 굳건한 건 각자의 자리에서 최선을 다하는 그들의 성실함도 한몫했을 거다.

"맥주 맛도 모르면서."

이 광고 문구에 이제 답한다. 일본 맥주만큼은 조금 안다고.

The
PREMIUM
MALT'S
SUNTORY
The
PREMIUM

〈香る〉エール
SUNTORY

영화는 대충 봐도 팝콘은 먹고 싶어

토호시네마 극장판 하이큐

해외여행을 가면 현지인들의 평범한 일상을 살펴볼 수 있는 장소에 가보는 편이다. 대표적으로 전통시장이나 슈퍼마켓이 있다. 도서관이나 서점도 그렇다. 의외로 관광객들은 가지 않는 이런 장소는 현지인들이 살아가는 삶의 현장이다.

또 하나 현지인의 일상에 빠질 수 없는 장소는 바로 영화관이 아닐까. OTT의 등장으로 예전보다 영화관을 찾는 사람들이 줄었다지만 여전히 영화관은 현대인의 대표적인 여가 활동 공간이다. 사실 해외여행을 가서 영화를 본다는 건 생각보다 흔한 일은 아니다. 길어야 3박이나 4박의 짧은 여행 일정 중에 최소 두세 시간 이상씩 소요되는 영화 관람 일정을 넣는 건 고민스럽기 때문이다. 언어적인 문제도 있다. 그런 점에서 여유롭게 영화관에서 영화를 한 편 보는 건 한 달 살기에 딱 어울릴 경험이다.

하루는 저녁에 난바에 있는 토호 시네마에 갔다. 토호 시네마는 한국의 CGV, 메가박스 같은 일본의 영화관 브랜드다. 해외 영화를 포함하여 약 열 편의 영화가 상영 중이었다. 일본어 까막눈인 내가 만만하게 고를 만한 영화는 생각보다 없었다. 차라리 일본어보다는 알아들을 만한 영어권 영화를 볼까도 고민했지만, 그래도 명색이 일본 영화관인데. 영어권 영화를 보는 건 조금 망설여졌다.

절충점이 되는 영화가 한 편 있었다. 바로 배구 애니메이션 '하이큐'의 극장판, 〈하이큐!! 쓰레기장의 결전〉(이하 하이큐)다. 그나마 애니메이션이니 조금은 이해하기 쉽지 않을까 하는 단순한 생각이었다. 더군다나 하이큐는 일본 애니 덕후인 경서의 최애 애니메이션이다. 그녀는 이미 이 극장판 하이큐를 영화관에서 혼자 본 적 있다고 했다. 경서에게 물었다.

"이거 또 봐도 괜찮아?"

경서는 대답했다.

"당연하지! 열 번도 볼 수 있어!"

영화관에 가고 싶던 이유는 비단 영화를 보고 싶어서만은 아니었다. 일본 영화관에서 파는 팝콘과 콜라도 사 먹어보고 싶었다. 영화

티켓을 구매하는 과정도 경험하고 싶었다. 영화관 내부는 어떻게 생겼는지도, 일본의 영화 관람 문화는 우리와 무엇이 다른지도 궁금했다.

무엇보다도 관광객들이 거의 없을 그 공간에 가고 싶었다. 한 달 살기를 하는 동안 늘 관광객을 피해 다니려 했다. 관광객이 없는 공간에서 현지인들과 뒤섞여 있다 보면 슬그머니 이런 생각이 들고는 했다. "오~ 나 지금 좀 오사카 사람 같은데?" 이 생각이 많이 드는 날은 내심 뿌듯했고 별로 들지 않는 날은 아쉬웠을 정도다.

극장판 하이큐는 이미 두 달 전에 개봉해서 상영 종료를 며칠 앞두고 있었다. 한창 상영할 때는 영화 예매 1위였단다. 그 이야기를 들으니 새삼 일본인들의 애니메이션 사랑이 느껴진다. 애니메이션이 영화관 예매 1위를 하는 나라가 일본 말고 또 어디 있을까. 영화관 안으로 들어가니 상영 막바지임에도 꽤 많은 관객이 하이큐를 보러 와있었다. 그들은 한국어를 쓰는 나와 경서를 힐끔힐끔 쳐다보기도 했다. 그래, 영화관에서 외국인을 보는 일은 잘 없겠지. 특별한 경험을 하고 있다는 생각에 그 시선이 그리 기분 나쁘지는 않았다.

나름 오늘의 하이라이트인 팝콘을 사러 갔다. 아쉽게도 팝콘은 우리나라만큼 종류가 다양하지 않았다. 소금 베이스의 기본 팝콘과 캐러멜 팝콘이 전부였다. 그 밖의 간식거리 종류도 적었다. 다만 음료는 다양했고 특히 소다 종류가 많았다. 가라오케에서도 소다가 그렇게 많더니. 그중에서 평소에 먹어보지 못한 멜론 소다 한 잔과 반반 맛 팝콘을 주문했다.

직원으로부터 주문한 팝콘과 음료를 받는데 신기한 신문물이 등장한다. 웬 받침대 같은 트레이에 담아 주는 것이었다. 팝콘과 음료를 놓는 자리가 쏙 들어가는 게 이것 참 편리하다 싶었다. 처음엔 영화관에 들어가기까지 팝콘과 음료를 편하게 들고 가라고 그런 줄 알았다. 그런데 트레이의 진짜 용도는 단순한 받침대가 아니었다. 트레이 그대로 영화관 좌석 팔걸이에 꽂아 음료 거치대로 쓸 수 있었다. 두 사람이 갔을 때 가운데 하나의 거치대만으로 두 잔의 음료와 팝콘을 안정적으로 놓게 만들어진 제품이었다.

보통 한국에서 영화관에 가면 양옆 거치대를 두고 옆자리 모르는 사람과 은근한 눈치 싸움을 벌이지 않나. 친구나 연인과 함께 영화관에 가면 팝콘을 두 사람 사이에 두고 먹는 게 은근히 불편하기도 하다. 그런 불편함이 싹 사라지는 기발한 도구였다.

“경서야, 이거 우리 한국 영화관에 납품하고 싶은데?”

“그러게. 그런데 요즘 영화관에서 영화 잘 안 보고 다 넷플릭스 본다는데 잘 될까?”

“그러네. 그러면 납품은 못 하겠다!”

이처럼 일본에 오면 사소하지만, 참신한 아이디어 상품을 종종 만난다. 아이디어에서 그치지 않고 이를 만들어내기까지 하는 일본인들의 독특한 창의성과 실행력 덕분이다. 언젠가 일본인들의 발명 대회를 영상으로 본 적이 있는데 상상을 초월하는 기발한 아이디어를 적용한 발명품들이 많았다. 내가 초등학생 때만 하더라도 어린이들의 장래 희망 상위권에 늘 발명가와 과학자가 있었는데. 돈이 최우선이 되어 버린 현대사회에서는 이러한 낭만이 사라져 가는 게 아쉽다.

자막 없이 일본 애니메이션을 보는 건 역시 쉽지 않았다. 영화 시작 전 경서로부터 간략한 배경 이야기를 들었지만 영 따라가는 게 어려웠다. 더군다나 아침 일찍부터 교토에 벚꽃을 구경하고 돌아온 날 저녁이었다. 피로가 몰려오기 시작하더니 결국 보다 잠들고 말았다. 알아들을 수 없는 일본어는 그저 자장가 소리였는지도 모르겠다.

얼마나 잠들었을까. 문득 눈을 뜨니 영화는 이미 절정을 향해 달려가고 있었다. 그렇게 영화는 보는 둥 마는 둥 했다. 경서는 어떻게 자신의 최애 하이큐를 보다가 잠이 들 수 있냐며 나에게 농담 섞인 핀

잔을 주었다. 그래도 오사카 영화관에서 영화를 보며 팝콘과 콜라를 먹겠다는 소기의 목적은 달성했으니 그걸로 나는 만족스러웠다.

영화를 다 보고 나오는 통로에는 곧 개봉하는 애니메이션 '명탐정 코난'의 극장판 〈탐정들의 진혼가〉(이하 코난) 포스터가 크게 붙어 있었다. 코난은 일본에서 전국민적으로 사랑받는 대표적인 애니메이션이다. 그렇기에 코난의 극장판 개봉은 일본인들에게 매우 반가운 소식이다.

실제로 길거리 곳곳에서 극장판 코난의 포스터를 심심찮게 볼 수 있었다. 맥도날드나 대형 초밥 프랜차이즈 쿠라스시에서도 코난과의 특별 콜라보 이벤트를 진행하고 있었고, 가는 쇼핑몰마다 코난 팝업스토어가 진행 중이었다. 일본인들에게 애니메이션이 얼마나 주류 문화인지 알 수 있는 부분이다. 아는 만큼 보인다고 일본 영화관에 다녀온 경험도 일본 문화를 이해하는 데 한층 도움이 되었다. 물론 하이큐는 다시 한번 봐야겠지만 말이다.

아는 만큼 보입디다, 일본어 까막눈 탈출기

일본어 독학 이야기

살면서 열 번도 넘게 일본에 여행을 왔지만, 매번 "이번에 오고 또 오겠어?" 하는 생각에 딱히 일본어를 공부하진 않았다. 예전에 누가 그랬던 적이 있다. 일본 여행을 할 때는 '스미마셍(미안합니다)', '아리가또 고자이마스(감사합니다)'만 할 줄 알면 된다고. 거기에 '구다사이(주세요)'나 '오네가이시마스(부탁드립니다)' 정도까지 섞으면 모든 소통이 된다고. 그러나 이번엔 달랐다. 한 달 살기라니. 한 달 살기를 보다 의미 있게 보내려면 조금이라도 일본어를 익히고 싶었다.

일본어 공부를 시작하며 고민거리가 생겼다. 말을 먼저 배울지, 글자를 먼저 배울지. 말은 문장 위주로 습득하는 거라면, 글자는 히라가나와 가타카나라는 일본어 문자 체계를 배우는 일이다. 둘 다 욕심났다. 그래도 더 욕심이 나는 건 글자였다. 읽을 줄 알면 그때부터 조금씩 눈이 열리며 귀도 열리지 않을까. 출국 일주일 전 일본어 학습서를 하나 샀다. 히라가나, 가타카나를 한 자 한 자 쓰며 익히는 책이었다. 줄줄이 쓰다 보면 어느 정도 외워지고 익혀지겠지. 영어단어며 한자며 초중고 12년을 그렇게 외워 왔으니 나름 검증된 학습법이다.

오사카에 온 첫날부터 책을 펼쳤다. 어린 시절 기역, 니은, 디귿부터 하나씩 배우던 자세로 히라가나부터 매일 두세 장씩 써 내려갔다. 쓰다 보니 새로운 사실을 깨달았다. 한글과 한자, 알파벳을 제외하고는 새로운 문자 체계를 배우는 건 일본어가 처음이라는 사실을.

히라가나에서 배우는 첫 글자 'あ(아)'를 처음 쓰던 순간을 잊지 못한다. 일본어 까막눈이던 나에게 あ는 가장 일본어같이 생긴 글자였다. 한자 같으면서도 꼬부랑거리는 획 하며, 손가락 끝의 힘을 줘야 할 곳과 멈춰야 할 곳을 정확히 알지 못했던 나의 첫 あ 쓰기는 정말이지 우스꽝스러웠다. 교재에는 한 글자당 열 번씩 반복해서 쓰는 칸이 있었다. 열 번을 반복해서 썼지만 달라지는 건 없었다. 어쩌면 '썼다'기 보다는 '그렸다'라고 표현하는 게 맞겠다. あ 다음에도 따라 그리기조차 어려운 히라가나가 계속해서 나왔다. 이를테면 'お(오)', 'ぬ(누)', 'む(무)'와 같은 글자들이다.

책 한 권을 천천히 공부하는 과정에서 조금씩 글자들이 읽히기 시작했다. 히라가나와 가타카나를 공부하며 다니는 일본 여행은 그전보다 훨씬 흥미로웠다. 한글을 읽지 못하던 어르신들이 뒤늦게 한글을 배우며 기뻐하던 심정이 이런 걸까. 길거리 간판이나 식당 메뉴판

의 읽을거리가 보일 때마다 이제 막 입이 트인 어린아이처럼 일본어를 읽어댔다. 'すし(스시)'니 'ビール(비-루)' 같은 극히 초보적인 단어라도 하나 읽으면 어찌나 뿌듯하던지. 가끔 경서가 기다려 주지 않고 먼저 읽어버리기라도 하면 "아, 내가 읽으려고 했는데!"라며 장난스러운 투정을 부리기도 했다. 그 밖에도 주머니엔 히라가나와 가타카나가 한 장에 정리된 손바닥 크기의 종이를 넣어두고 다니기도 했다. 기억이 나지 않는 글자가 있으면 꺼내 보기를 반복했고 하루하루 지날수록 읽는 글자가 많아졌다. 한 달 동안 이룬 작은 성취다.

조금이라도 현지 언어를 배우고 쓰기 위해 노력하는 외국인은 어디서나 사랑받기 마련이다. 식당에서도 상점에서도 실제로 그런 모습을 볼 수 있었다. 아무렇지 않게 영어만 주야장천 쓰는 관광객에게는 사무적으로 대하던 직원들이, 어설프게라도 일본어를 쓰려고 시도하는 관광객에게는 훨씬 상냥해지는 모습을. 하물며 한국에서도 영어로만 길을 묻는 사람보다는 어떻게든 한국어를 섞어가며 길을 물으려는 사람에게 더 친절해진다. 어딘가 여행을 간다면 그 나라의 말을 조금이라도 익혀보는 건 어떨까. 무슨 말이라도 입을 떼려고 노력하는 모습이 가상해 보일 테니 말이다.

모두 같은 목표를 좇을 필요는 없잖아

오사카 한인교회에서 만난 사람들

오사카에서 한 달을 지내며 매주 교회에 나갔다. 경서가 나가던 한인교회다. 인원은 대략 삼사십 명. 일본인도 있었는데, 대부분 교회에 다니는 한국인과 가족 관계이거나 한국인 지인을 따라 나온 경우였다. 하지만 간혹 혼자서 한인교회에 출석하는 일본인도 있었다. 그런 분들을 보면 사연이 궁금해졌다. 어쩌다 자신의 본향에서 타국인이 세운 교회에 나오게 된 걸까. 우리로 치면 서울에서 일본인이 세운 교회에 한국인 혼자 나가는 것이니 말이다. 아쉽게도 기회가 없어 그 이유를 물어보지는 못했다.

교회 사람들은 한 달 정도 잠시 머무르다 갈 나를 매주 반겨주었다. 다들 이런저런 계기로 짧게는 십여 년, 길게는 이삼십 년 전에 한국에서 건너온 분들이다. 물론 한국에도 여전히 가족과 친구들이 있어 가끔 오가지만 이제는 일본에 자리를 잡고 앞으로도 여생을 일본에서 살아갈 분들이다.

그중에서도 특히 나를 반겨준 두 부부가 있다. 한 부부는 한국인 남편 찬희 형과 원래는 한국인이었으나 일본으로 귀화한 아내 노조미 상, 또 한 부부는 일본인 남편 교헤이 상과 재일교포 아내 아키 상이다. 나이대가 비슷했던 우리는 주일마다 예배를 마치고 함께 식사하며 이런저런 이야기를 나누고는 했다.

특히 교헤이 상이 유독 나를 반겼다. 나 역시 선한 눈빛의 그가 호감이었다. 그러나 교헤이 상은 한국어를 거의 하지 못했고 나는 일본어를 거의 하지 못했다. 우리는 그렇게 언어의 장벽에 가로막힌 채 서로에게 느낀 호감을 표현하지도 못하고 눈빛만 매번 주고받았다. 그나마 번역 앱이라도 있어 어찌나 다행이던지.

하루는 식사를 마치고 교헤이 상이 다 같이 편의점에 가서 커피 한잔을 하자고 했다. 교헤이 상이 나에게 커피를 사주고 싶다고 한 것이다. 한국인에게는 서로 커피 한잔 사는 일이 대수롭지 않지만, 일본인들은 친구끼리 만나도 밥 한 끼, 차 한잔도 대부분 각자 계산하는 게 보편적이다. 그런 일본 문화 속에서 교헤이 상이 나에게 커피 한잔 사겠다는 건 그의 호감이 드러나는 일이었다. 아니나 다를까 나중에 아키 상이 말했다.

"교헤이가 커피를 사준다는 건 진짜 좋아한다는 거예요."

편의점 커피 한잔에 한일 남자들 간의 진한 브로맨스도 커피처럼 한잔 내려졌다.

두 부부와 이야기를 나누던 중 아키 상이 지나가듯 한 말이 기억에 남는다. 아키 상은 30대 중반으로 7살 된 딸을 키우는 한 아이의 엄마다. 주중에는 로손 편의점에서 아르바이트를 한다고 했다. 한 번은 일본의 편의점에 관한 이야기를 나누다가 아키 상이 우리 숙소 근처에는 어떤 편의점이 있냐고 물었다. 나는 세븐일레븐이 가장 가깝다고 대답했다. 그러자 그녀는 장난스레 발끈하며 말했다.

"로손은 없어요? 편의점은 로손 가야죠! 내가 일하는 데가 로손인데."

그 모습이 새삼 놀라웠다.

비록 아르바이트지만 자신이 일하는 직장을 최우선으로 여기는 모습이었다. 무엇보다도 자기 일을 기쁘게 하는 마음이 느껴졌다. 그녀만의 특성일까, 아니면 일본인들의 보편적인 가치관일까. 정확히는 모르지만 한 가지 분명한 건 지나가듯 했던 그녀의 한마디가 나에게는 큰 울림이 되었다. 그래, 나도 내가 하는 일을 사랑해야지.

교회는 오전에는 한국어로, 오후에는 일본어로 예배가 진행되었다. 오전 한국어 예배 시간에도 중간중간 찬양은 일본어로 진행되기도 했다. 그때마다 나도 모니터 화면에 나오는 일본어 자막을 따라 일본어로 찬양을 불러보았다. 일본에서 일본인들과 함께 드리는 찬양이라니. 가슴이 뭉클했다. 매일 조금씩 공부하던 히라가나와 가타카나는 거기서도 빛을 발했다.

비단 예배뿐만이 아니다. 그들은 일본 사회에서 작은 한인 공동체로서 더불어 살아가고 있었다. 이런저런 각자의 사정으로 일본 땅에 와서 살고 있지만, 여전히 한국을 그리워하고 사랑하는 한국인들이었다. 한 달 동안 오사카에서 지내며 주로 혼자 또는 경서와만 다니는 일이 대부분이었기에 이러한 공동체와의 교제가 더 특별했다.

수십 년의 오랜 기간을 타국에서 생활한 사람들의 글이나 인터뷰를 가끔 보다 보면, 아무리 타국에서 오래 살고 잘 적응하는 듯 살아도 결국은 이방인일 수밖에 없는 설움을 알게 된다. 한국에 사는 우리는 해외에서 한 달이라도 살아보는 걸 낭만으로 여기며 꿈꾸지만, 그곳에 사는 교민들에게는 타국에서 살아간다는 게 낭만이 아닌 현실 그 자체다. 내가 태어난 나라에서 어릴 때부터 함께 해온 사람들과 미운 정 고운 정 쌓아가며 평생을 살아간다는 건, 어쩌면 너무나도 당연해서 잊고 있는 소중함인지도 모른다.

한편으로는 한국의 과도한 경쟁과 팍팍한 삶에서 벗어나 비교적 자유로운 삶을 살아가는 그들을 보기도 했다. 일본에 사는 한국인 대다수가 입을 모아 말하는 이야기는 이것이었다.

"아무래도 여기는 한국보다는 사람들 눈치 덜 보고 하고 싶은 일 하며 살아가는 것 같아요. 여기서는 돈과 다른 사람들의 시선이 그렇게 중요하지 않아요."

교회에서 만난 한국인들뿐만이 아니었다. 한 번은 경서가 다니는 회사의 사장님과 함께 저녁을 먹은 적이 있다. 수년 전 오사카에 와서 사업을 시작한 한국인으로 이제는 제법 자리를 잡았다. 그분이 하시는 얘기도 비슷했다.

"한국에 다시 돌아갈 것 같지는 않아요. 정해진 틀 안에서 너무 재미없잖아요. 사업이 잘되어서는 아니에요. 사업은 언제 무너질지 모르죠. 그래도 한국보다는 이곳에서의 삶이 자유로워요. 여기서는 다들 다른 사람들의 시선을 그리 신경 쓰지 않더라고요."

그 점이 부러웠다. 실제로 한국을 떠난 사람들의 상당수는 한국의 치열한 경쟁에 지쳐서 떠난다. 이런저런 사정으로 한국을 떠난 사람들도 그렇다. 그리워하면서도 한국에 쉬이 돌아오기는 머뭇거린다. 무엇이 옳다고 할 수는 없으며 철저히 개인의 가치관에 따른 선택일 뿐이다.

그러나 한 가지 깨달은 건, 이 경쟁 속에서 계속해서 힘겹게 살아가는 게 유일한 선택지는 아니라는 점이다. 비단 해외로 나가지 않더라도 말이다. 모두가 같은 행복과 같은 목표의 삶을 좇는 이 사회 분위기 속에서 한발만 물러서 보면 세상에는 정말 다양한 삶의 방식이 있음을 깨닫는다. 이번 여행을 하며 더 넓은 세상을 보고 내가 움켜쥐고 있던 나만의 살아가는 방식을 되돌아보게 되었다. 방황하던 나에게 필요했던 과정인지도 모르겠다.

일본인들은 왜 모네를 좋아할까?

나카노시마 미술관 모네 전시회

블로그에 매일 글을 쓰고 있다. 글쓰기는 세상을 향해 "나도 여기 있어요."라고 손짓하는 행위다. 80억 인구 중에 나도 숨 쉬고 살아있다고 알리는 일. 글쓰기의 또 다른 의미는 배설이다. 머릿속의 복잡한 생각을 밖으로 끄집어내지 않고는 견디기 힘들 때가 있는데, 그때 글을 쓰고 나면 복잡한 머리가 어느 정도 비워진다. 그렇게 점점 글쓰기가 좋아지고 있다.

지난 블로그를 보면 내가 무슨 생각을 하고 살았는지 한눈에 보인다. 환희의 순간도, 낙담의 순간도 모두 담겨있다. 한 편의 드라마이자 영화인 셈이다. 때로는 지금 봐도 잘 썼다 싶은 글이 있는 반면에, 이불킥이라도 하고 싶은 수치스러운 글도 있다. 그래도 괜찮다. 흑(黑)역사도 백(白)역사도 모두 내 역사인 것을.

비단 블로그 글쓰기로도 한 인생의 희로애락을 엿볼 수 있는데, 평생을 그림으로 자신의 인생을 그려낸 한 예술가가 있다. 프랑스의 대표적인 화가 '클로드 모네(Claud Monet, 1840~1926)'다. 그는 그림을 그리고 정원을 꾸미는 데에 평생을 바쳤다. 특히 일본을 좋아했던 그는 파리 근교의 시골 마을 지베르니로 집을 옮기면서 그의 정원과 정원에 놓인 다리를 일본식으로 꾸몄다. 이를 작품 배경으로도 자주 활용했다. 그의 그림 속에 자주 등장하는 일본식 다리나 나무들은 동양적인 소재를 서양적인 화법으로 풀어내어 독특한 아름다움을 자아낸다.

그래서일까. 클로드 모네는 명실상부 일본인이 가장 사랑하는 화가다. 아마도 단순히 그의 작품을 좋아하는 걸 넘어서 정서적으로, 문화적으로 깊은 공감대가 형성되며 모네의 작품을 사랑하게 되지 않았을까. 반면 한국인이 가장 사랑하는 화가는 빈센트 반 고흐. 양 국

민의 취향 차이가 확연히 드러난다.

오사카에서 한 달을 지내며 최대한 다양한 경험을 하려 했지만 사실 미술관 관람은 생각지도 못했다. 평소 전시회를 즐겨 가지도 않을 뿐더러 미술을 보는 눈도 없다고 생각했기 때문이다. 어느 날 경서가 내게 물었다.

"오사카에서 모네 전시회 한다는 데 갈래? 이번 주말이면 전시회가 끝난대. 네가 안 간대도 나는 갈 거야!"

경서는 학창 시절 그녀의 전공을 결정할 때도 음악과 미술 사이에서 고민했을 만큼 그림을 곧잘 그리고 관심도 많다. 그런 경서와 미술관에 가면 나 혼자 가는 것보다는 훨씬 재미있고 알차게 전시를 관람할 수 있을 거다. 덜컥 경서를 따라나섰다.

사실 전시회에 따라나선 속내는 따로 두 가지가 있었다. 하나는 하이큐를 보러 영화관에 갔던 이유와 비슷하다. 전시회에 가면 현지인들이 문화생활을 즐기는 모습을 생생하게 볼 수 있기 때문이다. 또 하나는 전시회가 열리는 장소가 나카노시마 미술관이라는 점이었다. 오사카에 온 다음 날 기타하마와 나카노시마 지역을 산책하며 나카노시마 미술관 근처까지 걸었던 적이 있다. 현대적이면서도 여유로운 미술관 외관의 분위기가 인상적이었다. 그 미술관 안에 들어가 볼 좋은 기회였다.

지하철 기타하마역에 내렸다. 처음 왔을 때는 벚꽃으로 가득했던

나카노시마가 무성한 푸른 잎으로 우거진 걸 보니 새삼 한 달의 시간이 흘렀다는 걸 느낀다. 그땐 제법 서늘했던 바람이 이제는 따뜻한 온기를 머금고 있다. 양산을 들거나 선글라스를 끼고 다니는 사람들을 보며 한 계절이 바뀌었음을 느낀다. 20여 분을 걸어 나카노시마 미술관에 도착했다.

"에~ 줄이 이렇게나 길다고?"

이게 웬일인가! 어마어마한 인파가 줄을 서 있었다. 미술관 건물을 뺑 둘러 족히 100m는 넘어 보였다. 전시회가 끝나기 이틀 전이라더니, 골든위크 첫날을 맞이한 일본인들이 대거 모네 전시회를 보러 온 듯하다. 별수 있나. 그들을 따라 줄을 따라서고는 한참 동안 기다렸다. 1시간쯤 지났을까. 그제야 미술관에 들어가는 입구에 다다랐다.

줄을 서서 기다리는 동안 이런저런 생각에 빠졌다. 아무리 모네가 유명하고 훌륭한 화가라지만 전시회 하나 보기 위해 이토록 오래 줄을 선다니. 색다른 충격이다. 더욱이 줄을 선 사람들의 면면을 보니 어르신이 대다수다. 최소 우리 부모님과 연배가 비슷해 보이는 육칠십 대 노년층, 심지어는 그 이상도 있었다. 한국에서도 원래 이런 건가. 평소 미술관 관람 문화를 잘 접해보지 못한 나로서는 이색적인 광경이다.

모네의 일생에 걸친 수십 점의 작품을 연대순으로 보는 이번 미술전은, 특히 같은 장소를 날씨, 시간, 계절에 따라 다양하게 그린 작품이 주를 이루었다. 그의 일대기와도 같은 작품들을 연속해서 보니 각 그림에서 느껴지는 바도 달랐다. 나 같은 문외한이 봐도 "우와!" 하고 탄성이 절로 나오는 걸작이 있는 반면에 별 감동이 없는 그저 그런 작품도 있었다. 시간이 흐르고 나이가 들어가며 그의 화풍도 조금씩 달라지는 게 보였다. 아마도 모네는 예술가로서 이런저런 새로운 시도를 계속해서 하지 않았을까.

그의 작품을 연대순으로 보며 지금 내 모습을 빗대어 보기도 했다. 직장 생활만 오래 하다가 본격적으로 글을 쓰기 시작한 나 역시 이런저런 시도를 통해 나만의 색깔을 찾아가고 있다. 그 과정에서 글의 색깔도 계속해서 변해왔다. 가장 나다운 글이 무엇인지 고민하는 과정에 있다. 만족스러운 글도 있지만 영 별로인 글도 수두룩하다. 모네 작품의 변천사를 보니 그동안 글을 쓰며 방황했던 시간이 조금은 위로되는 듯했다.

그림들을 보며 모네의 일생을 상상해 본다. 일평생 이렇게나 많은 그림을 그렸으니, 모네는 꽤 성실한 사람이었을지도 모른다. 아마도 비가 오든 눈이 오든, 기분이 좋든 안 좋든, 매일 그림을 그렸을 것이다. 실제로 그의 그림에는 사계절이 모두 드러나 있고 시간대도 날씨도 다양해 보였다.

글쓰기도 그렇다. 어떤 날은 그냥 의무감에 숙제처럼 글을 쓰는 날도 있지만, 어떤 날은 너무 신이 나서, 시쳇말로 '삘'이 꽂혀 글을 쓰는 날도 있기 마련이다. 중요한 건 매일 쓴다는 것이다. 모네 역시 그러지 않았을까. 눈만 뜨면 그림을 그리고 평생 그림만 생각했을 모네의 삶을 상상해 본다.

또 하나 인상적인 건 일본인들의 관람 태도였다. 벚꽃 축제에서 보았던 일본인 특유의 관찰력은 미술 전시회에서도 돋보인다. 그림 하나하나를 어찌나 유심히 보던지. 그림 한 점에 최소 5분에서 10분씩은 보는 듯하다. 그림만 보는 게 아니라 그림 옆에 써진 설명도 한 글자 한 글자 꼼꼼히 살피고 있었다. 수많은 인파가 줄지어 관람하고 있지만, 누구 하나도 서두르지 않았다. 마치 고급 레스토랑에서 두세 시간짜리 코스 요리 만찬을 즐기듯, 미술 작품 하나하나를 씹고 뜯고 맛보며 섬세하게 즐기고 있었다.

두 시간 남짓한 관람이 끝났다. 자연스럽게 기념품 가게로 발걸음이 향했다. 근사한 기념품을 하나 사서는 "나 오사카에서 모네 전시

회 다녀왔잖아!"라고 뽐낼까도 생각했다. 그 생각도 잠시, 기념품들의 가격을 보고는 백수 여행자에게는 사치라는 걸 이내 깨달았다. 아쉬운 대로 가장 기억에 남는 작품의 엽서를 하나 사는 걸로 만족했다.

특히 'PEANUTS meets MONET'라는 이름의, 모네와 스누피의 콜라보 이벤트가 눈에 띄었다. 일본은 콜라보 이벤트를 정말 잘한다. 한 캐릭터를 다른 브랜드와 협업한 한정판 굿즈를 잘 만든다. 어찌 보면 상술에 지나지 않을 수 있지만, 팬 입장에서는 흥미로운 콜라보를 계속해서 던져 주니 덕질을 안 하고 배기기 어렵다. 특정한 시기에, 특정한 장소에서만 구할 수 있는 콜라보 상품은 대부분 한정판이라 희소성이 생긴다. 덕질의 묘미다.

덕질의 민족답게 기념품 가게 역시 굿즈를 사려는 사람들로 북새통이었다. 다들 뭐라도 하나 마음에 드는 걸 건지려고 굿즈를 이리 뒤집어 보고 저리 뒤집어 본다. 사람이 너무 많아 혼란스럽기까지 했다. 한편으로는 그 모습을 보니 조금 전 굿즈를 사서 간직하고 싶던 마음은 사라졌다. 차라리 내 마음속 깊이 오래오래 잘 간직해야지. 일생을 그림에 바친 위대한 화가 모네를.

축구 선수만 열심히 뛰는 게 아닙니다

세레소 오사카 축구 경기 직관

오사카 한 달 살기를 하겠다고 하니 주변에서 많이들 물어보았다.

“가서 뭐 하고 지낼 거야?”

내 대답은 항상 같았다.

“그때그때 정하려고.”

출국까지 단 2주를 남겨두고 급작스레 결정한 한 달 살기였다. 늘 계획적으로 살아온 내가 무계획 속에 나를 던졌다. MBTI로 치면 J(계획형)로 살아온 내가 P(즉흥형)로 살아보는 도전이다. 물론 J가 하루아침에 P가 되는 건 아니다. 여전히 틈만 나면 여행 블로그를 보며 무엇을 할지, 어디를 가야 할지 찾아보는, 타고난 J의 일상이었다. 그래도 중요한 건 계획 없는 한 달 살기라는 점이다.

무계획 속에 단 하나의 계획이라면 ‘최대한 현지인처럼 지내는 것’이다. 관광지를 벗어나 일본인들이 살아가는 삶의 현장에 들어가고 싶었다. 현지인이 많이 모이는 곳이라면 어디든지 가려 했다. 인터넷에서도 많이 찾아봤다. 검색 키워드는 주로 '현지인' 또는 '로컬'이다. 가끔 건질 만한 정보가 나온다.

거리를 유심히 관찰하기도 한다. 하루는 길거리에 분홍색 축구 유니폼을 입은 사람이 지나갔다. 워낙 눈에 띄는 색깔이라 그가 입은 유니폼을 자세히 살폈다. '세레소 오사카'라고 쓰인 게 보인다. 순간 번쩍했다.

"그래, 축구가 있었지!"

축구 관람이야말로 현지인들의 정서를 제대로 느낄 수 있는 경험 아닐까. 몇만 명 되는 관중이 경기장에 모여 응원하는 모습. 경기를 보는 관중들의 표정과 거기에서 느껴지는 수만 가지 감정들. 관중들이 먹고 마시는 것들까지. 두세 시간 남짓한 시간에 현지인들과 어울리고 열광할 좋은 기회였다. 뜨거운 현장에 몸을 내던질 생각을 하며 경기 날을 기다렸다.

오사카를 연고로 하는 축구팀은 둘로 '감바 오사카'와 '세레소 오사카'다. 처음엔 두 팀 중 어느 경기를 볼지 고민했다. 예매 사이트에서 예매 현황을 확인하고는 고민이 부질없음을 깨달았다. 열혈 팬이 많기로 유명한 감바 오사카의 경기는 전부 매진이었기 때문이다. 그나마 세레소 오사카는 맨 앞쪽의, 그리 저렴하지 않은 원정석 위주로만 표가 조금 남아있었다. 잠시 망설였지만 "이때 아니면 언제 보겠어." 라는 합리화를 하는 데는 그리 오랜 시간이 걸리지 않았다. 때마침 한국에서 영준이도 왔던 때였다. 그렇게 불과 경기 이틀 전에 세레소 오사카의 경기를 예매했다.

세레소 오사카의 홈 경기장은 오사카 남부에 있는 '요도코 사쿠라 스타디움'이다. '사쿠라'라는 이름에 걸맞게 홈팀 유니폼 색깔도 분홍이다. 심지어 '세레소(cerezo)'라는 팀이름도 스페인어로 벚꽃이라는 뜻이다. 벚꽃을 얼마나 사랑하면 팀 이름에도, 경기장 이름에도 벚꽃이 들어가고 유니폼 색깔도 분홍이다. 삼성에 입사하면 파란 피가 흐른다는 우스갯소리가 있는데, 여기서는 분홍 피가 흐를지도 모르겠다. 참고로 벚꽃은 오사카의 시화(市花)이기도 하다.

경기장에 가까워지니 분홍색 유니폼을 입은 팬들이 엄청나게 보인다. 두근거린다. 분홍빛 물결에 동참하고자 경기장 앞 기념품 가게에 들렀다. 생각보다 비싼 유니폼 가격을 보며 이내 마음을 접었다. 영준이는 영어로 '세레소 오사카(Cerezo Osaka)' 문구가 적힌 분홍빛 수

건을 하나 집어 들며 말했다.

"이거 완전 내 스타일인데? 나는 이거 하나 사야겠다."

경기장 바로 앞에는 한 동짜리 '나 홀로 맨션'이 있었다. 우리나라의 아파트에 해당하는 주거 공간을 일본에서는 '맨션'이라고 칭한다. 약 10층짜리, 사오십 세대 정도 되어 보이는 맨션의 베란다에는 곳곳에 세레소 오사카의 현수막이 걸려 있었다. 맨션 옆 작은 주택에서도 마찬가지였다. 말로만 듣던 일본인들의 열렬한 축구 팬심이다.

심지어 맨션 중층 이상의 베란다에서는 경기장 내부가 보일 만한 위치였다. 한강뷰, 파크뷰, 오션뷰 등 별의별 뷰가 다 있는데 여긴 축구장 뷰다. 그것도 경기가 고스란히 보이는 뷰. 세레소 오사카의 진성 팬들은 여기에 입주하려고 대기하고 있는지도 모르겠다.

경기에 앞서 경기장을 찾은 유명인의 인사말이나 어린이 응원단이

구단 깃발을 들고나오는 행사와 같은 일련의 세리모니가 이어졌다. 선수들이 입장할 때마다 초대형 전광판에서는 화려한 영상이 나왔고 사람들은 열광했다. 이 모든 게 흡사 유명 가수의 대형 콘서트 같았다. 필드와 근접한 우리 자리도 그 분위기를 느끼는 데에 한몫했다. 육상 트랙이 없는 축구 전용 구장이라 경기장에서 벌어지는 선수들의 치열한 몸싸움이나 프리킥이나 코너킥 같은 박진감 넘치는 순간들이 눈앞에서 생생하게 펼쳐졌다.

무엇보다 놀라운 건 경기장을 찾은 팬들의 뜨거운 응원 열기였다. 약 2만 석의 좌석은 빈틈없이 차 있었다. 경기 시작 전부터 이미 양 팀의 응원단은 수십 개의 커다란 깃발을 흔들며 목이 터질 듯이 응원가를 부르고 구호를 외쳐댔다. 이렇게 끊임없이 쉬지도 않고 불러도

公式SNS
FOLLOW US
SHARP
YODOKO
スポーツくじ
WINNER
toto
BIG
いちご
ICHIGO
明治安田

괜찮은 건지 걱정이 될 정도였다.

2만 명이 들어가는 규모의 축구장도 이 정도인데 5만 명도 넘게 수용하는 경기장의 함성은 어떠할까. 북은 어찌나 치고 트럼펫도 어찌나 불던지. 이러한 모습이 어우러지니 하나의 거대한 축제 같았다.

획일화된 응원 구호와 동작을 딱딱 맞춰서 응원하는 관중들의 모습에서 왠지 모를 '일본스러움'도 느껴졌다. 이제는 우리나라 아이돌이 칼군무의 상징이 되었지만, 일본의 칼군무도 원래 유명하다.

유럽의 축구 팬들은 응원하면서 우리나라나 일본처럼 정해진 동작을 하지는 않는다. 다 같이 부르는 응원가 정도가 있을 뿐이다. 동아시아 특유의 집단적인 응원 문화라는 생각도 들었다.

응원단 좌석에 앉은 팬들만 뜨겁게 열광하는 건 아니었다. 내 뒷자리에는 초등학생 저학년 정도로 보이는 꼬마가 한 명 있었다. 이 꼬마는 잠시도 쉬지 않고 응원 함성을 외쳐댔다. "누구누구 상, 간빠레(힘내라)!"라고 하는 둥, "요시!" "스게!"라고 하는 둥, 처음엔 귀가 아팠을 정도였다. 뒤를 돌아 녀석에게 무언의 눈빛이라도 보내야 하나 고민 중이었다.

문득 내 어린 시절이 떠올랐다. 대개 남자아이들은 유년 시절 스포츠가 삶의 전부나 다름없다. 당시 TV의 야구나 축구 생중계를 보며 알게 된 경기 규칙이나 선수들에 관한 정보는 성인이 된 지금까지도 써먹는 밑천이니 말이다. 당시 나를 비롯한 초등학생 남자아이들은 저녁 9시 뉴스가 끝나고 10분 정도 나오는 스포츠 뉴스를 반드시 챙겨보고는 했다. 거기에 더해, 다음 날 집으로 배달된 조간신문 틈새에 껴있는 스포츠 신문까지 챙겨본 후, 업데이트된 야구와 축구 소식을 다음 날 학교에 가서 친구들과 나누었다. 당시 이건 큰 행복 중 하나였다. 초등학교 4학년이던 어느 날, 부모님 손을 잡고 TV에서만 보던 야구 경기를 처음으로 직관하러 간 기억은 아직도 생생하다. 뒷자리 꼬마도 오늘 그런 추억을 쌓는 중이겠지. 그렇게 생각하니 시끄러웠던 꼬마의 응원 소리도 이내 들을 만해진다.

한 가지 놀랐던 건 원정팀 응원석에는 뜨거운 햇빛을 막아줄 그 어떤 가림막도 설치되어 있지 않았다. "저 사람들 어떡하나." 하며 안타깝게 쳐다보는데 축구를 좋아하는 영준이가 옆에서 설명해 주었다.

"원래 유럽 축구도 원정팀은 엄청 열악하다더라. 선수들 라커 룸도 말도 안 되게 낙후되어 있고. 저렇게 원정 팬들은 자리도 가장 안 좋은 데를 준대."

뜨겁게 타오르는 햇빛을 정통으로 맞으면서도 그들은 굴하지 않고 경기 내내 서서, 때로는 제자리에서 연신 뛰며 삿포로팀을 응원하고 있었다. 가수 싸이의 공연을 본 적 있는가. 싸이는 공연 중간마다 비명처럼 찢어질 듯한 목소리로 "뛰어!"라고 외친다. 관객들은 그 소리에 맞춰 미친 듯이 날뛴다. 마치 그런 모습 같았다. 뜨거운 햇살 때문에 앉아서 경기를 지켜보는 것조차도 힘들었던 나는 그들의 열띤 응원이 경이롭기까지 했다.

삿포로는 오사카에서 꽤 먼 지역인데 저들은 여기까지 원정 응원을 온 걸까. 아니면 오사카에 사는 삿포로 출신의 사람들일까. 뭐가 되었든 저들을 저렇게 뛰게 하는 힘이 무엇일지 궁금했다.

열렬히 응원하는 삿포로 응원단 앞으로 삿포로의 후보 선수들이 보였다. 열 명 정도의 선수들이 줄지어 몸을 푸는데 유독 눈에 띄는 선수가 있었다. 처음엔 키가 커서 눈에 띄나 했다. 자세히 얼굴을 보니 아무리 봐도 한국 사람이다. 인터넷에서 삿포로 선수단을 검색했다. 알고 보니 김건희라는 한국인 선수였다. 금발에, 장발에, 타투에, 온갖 개성 넘치는 외모와 스타일의 일본 선수들과는 확연히 구별되는, 깔끔한 용모다. 전형적인 가르마 머리에 깔끔하게 정돈된 뒷머리. 동료들보다 키도 확연히 크고 피부도 하얗고 멀끔한 모습이 영락없는 한국인이다. 유럽이나 미주 사람들은 아시아 사람들이 다 비슷하게 생겼다고 하지만, 타지에서도 한국인은 한국인을 한눈에 알아보기 마련이다.

세레소 오사카에도 두 명의 한국인 선수가 있다. 김진현 선수와 양한빈 선수. 공교롭게도 둘 다 골키퍼다. 김진현 선수는 2009년 입단하여 지금까지 세레소 오사카에만 머무른 원클럽맨이란다. 과거에는 황선홍 선수가 세레소 오사카에서 뛰기도 했다. 오사카 여러 관광지에서 그렇게 수많은 한국인 관광객을 만났건만 오사카 축구장에서 한국 선수를 만나는 기분은 색달랐다. 어찌 되었든 여기는 타국이 아닌가. 고향을 떠나 타국에서 국위선양 하는 그들을 격려하고 싶다.

축구를 사랑하는 양 팀의 팬들과 부대끼며 두 시간 반 정도 경기에 흠뻑 빠졌다. 결과는 1:1 무승부였다. 리그 상위권인 세레소 오사카와 최하위권인 콘사도레 삿포로의 당시 성적으로만 놓고 보면 의외다. 이러나저러나 어느 팀에도 연고가 없는 나에게는 “아무나 이겨라”였지만 말이다. 물론 굳이 편을 들자면 세레소 오사카에 조금 더 마음이 기울기는 했을지도.

야구도 제대로 덕질하는 일본인들

한신 타이거스 경기 고시엔 구장 직관

일본인의 축구 사랑이 아무리 크다 한들 야구만 할까. 일본 야구 리그는 세계적으로 미국 메이저리그 다음으로 크다. 일본의 인기 스포츠 스타에는 과거에는 이치로, 현재는 오타니 같은 야구선수가 늘 1순위에 꼽힌다.

오사카 지역을 대표하는 한신 타이거스(이하 한신)는 도쿄의 요미우리 자이언츠와 함께 일본에서 가장 인기 있는 팀이다. 사실 진짜 오사카시(市)를 연고로 하는 팀은 오릭스 버팔로스다. 한신의 연고는 오사카 북쪽 효고현의 니시노미야시(市)다. 그러나 한신의 역사가 훨씬 오래되고 실력도 좋아서인지 오사카 사람 중에서는 오릭스보다 한신의 팬이 훨씬 많다고 한다.

한 달 동안 지내며 오사카 사람들의 한신 사랑은 여러 차례 느꼈다.

セントラルリーグ優勝
Tigers
27
関西
楽虎会
七福招き

Tigers
限定
@gotouchibe
Tigers
阪神タイガース
ご当地ベア
¥6,215(税込)
神タイガース
モンチッチ
ぬいぐるみ
¥6,380(税込)

동네 작은 식당에 가면 온통 샛노란 한신의 기념품으로 도배된 모습이 종종 보였다. 선수들의 유니폼, 한신 엠블럼이 새겨진 휘장, 선수들이 다녀간 친필 사인 흔적까지, 한신을 상징하는 물건들이 가게 곳곳에 놓여 있다. TV 밑에 삼삼오오 모여 앉은 오사카 사람들은 수다를 떨다가도 중요한 경기 장면이 나오면 TV 중계를 번갈아 보고는 했다.

내 고향 부산에서도 롯데가 아닌 다른 야구팀을 응원하는 건 상상도 할 수 없는 일이었다. 온 동네 돼지국밥집에서는 저녁이며 주말이며 항상 롯데 경기가 틀어져 있었다. 친구끼리 만나면 "어제 롯데 봤나?"라고 묻는 게 안부 인사였다. 하물며 야구 역사가 훨씬 오래된 한

신의 팬들은 그 애정이 오죽할까.

그 인기만큼이나 한신 경기 예매는 어려웠다. 사실 축구는 경기 이틀 전에 일정을 알아봤음에도 자리가 있었다. 야구는 달랐다. 오사카에 도착한 4월 초부터 한신의 경기를 알아봤지만 4월은 이미 전 경기 전 좌석 매진이었다. 그나마 귀국하기 바로 전날 외야석 저 위에 몇 자리가 남아있었다. 히로시마와의 경기였다.

한신의 홈구장 고시엔은 무려 4만 7천 석이다. 2만 석의 요도코 사쿠라 축구장보다도 두 배 이상 자리가 많은 셈이다. 심지어 축구 경기는 일주일에 한 번만 한다지만 야구 경기는 일주일에 네다섯 번씩은 한다. 그런데도 매진이라니. 이렇게나 야구를 좋아하는구나.

오사카에서의 한 달이 거의 다 되어 귀국 일정이 다가올수록 아쉬웠지만, 한신의 경기를 기다리며 설레는 마음도 커갔다.

설립 100주년을 맞은 고시엔 구장에서는 프로야구보다도 인기가 많다는 일본 고교 야구의 본선과 결승전이 매년 열린다. 한국의 고교 야구부는 100개도 채 되지 않지만, 일본 고교 야구부는 4천여 개에 달한다.

4천여 개의 야구부 중 단 49개 학교만이 본선에 진출하여 고시엔에 입성할 수 있다. 야구 꿈나무들에게는 꿈의 무대인 셈이다. 고교 야구 결승전에서 패배한 팀은 고시엔 구장의 흙을 한 줌 퍼가는 풍습이 있다. 내년에는 반드시 고시엔에 돌아와 가져갔던 흙을 다시 뿌리겠다는 의미란다. 고시엔이 그들에게 얼마나 큰 의미인지 짐작할 만하다.

고시엔의 자리는 축구장보다도 훨씬 빽빽했다. 팬들은 잠시도 쉬지 않고 응원하느라 앉았다가 일어서기를 반복했다. 끊임없이 깃발을 흔들고 응원 구호를 외치며 응원가를 불러댔다. 축구장에서의 핵심 응원 악기가 북이라면 여기선 트럼펫이다. 응원석 곳곳에 자리한 트럼펫 연주자들은 구호에 맞춰 멜로디를 불며 분위기를 이끈다. 경기 내내 트럼펫을 부르니 숨이 남아날까 싶었지만, 지친 기색도 없었다.

응원 문화도 우리나라와 비슷한 듯 달랐다. 한국 야구의 응원 문화 중 상당 부분은 일본에서 넘어왔다고 한다. 선수가 타석에 오르거나 안타나 홈런을 쳤을 때 응원곡을 부르는 게 대표적인 양국의 응원 문화다. 실제로 보니 일본의 응원 문화는 상당히 체계적이면서도 다채로웠다. 반면 야구장 응원의 꽃이라 할 수 있는 치어리더는 우리와 조금 달랐다. 우리나라는 내야석 근처에 치어리더를 위한 무대가 마련되어 있다. 그곳에서 경기 내내 치어리더가 활동한다. 일본에서는 달랐다. 각 회가 끝날 때마다 치어리더들이 경기장으로 잠시 나와 응원을 유도하는 게 전부였다. 치어리더를 위한 내야석 무대도 따로 없다. 대신 인형 탈을 쓴 양 팀의 마스코트가 중간중간 나와 재미있는 장면

을 연출하고는 했다. 야구장의 별미인 파도타기 같은 단체 퍼포먼스도 없었다. 이처럼 한국과 다른 일본의 야구장 문화를 눈여겨보는 것도 색다른 재미였다.

앉은 자리에서 주위를 잠시 둘러보았다. 열에 아홉은 한신의 노란 유니폼을 입고 있었다. 대부분 일행이 함께 왔지만 혼자 온 듯한 사람들도 더러 있다. 특히 세 사람이 기억에 남는다.

그중 한 사람은 바로 옆자리에 혼자 와서 응원하던 중년 남성이다. 혼자 왔는데도 어찌나 응원을 성실하게 열심히 하던지. 알아들을 수 없는 응원 구호를 멜로디에 붙여 하도 외치는 탓에 경기 후반부에 이르러서는 나도 귀동냥으로 따라 부를 정도였다. 사실 한국에서는 혼자 와서 그렇게 자유롭게 노는 사람은 보기 어렵다. 그는 정말이지 마음껏 놀다가는 듯했다.

다른 한 사람은 바로 앞자리에 앉았던 할아버지다. 누가 봐도 한신의 오래된 팬으로 보였다. 머리에 쓰고 있던 한신의 챙모자와 모자 곳곳에 훈장처럼 달린 한신의 배지들, 그리고 샛노란 유니폼까지. 그는 한신의 골수팬이었다. 한신의 역사가 1935년부터니 아마도 이 할아버지는 태어나고 자라면서부터 한신의 팬이었을지도 모른다. 한평생 한 팀의 야구팬으로 살아간다는 건 어떤 걸까. 그의 삶을 잠시 그려봤다.

마지막은 조금 떨어진 자리에 있던 상대 팀 히로시마의 남자 팬이다. 그가 앉은 자리는 분명 홈팀 한신의 응원석이었지만 그는 전혀 아

Tigers

日新火災
明治安田
エスリード
DNT 大日本塗料
生活応援バンク ろうきん
酒は 黄桜

랑곳하지 않았다. 샛노란 유니폼을 입은 한신 팬들 가운데 홀로 새빨간 히로시마의 유니폼과 모자를 착용하고는, 경기 내내 앉지도 않고 서서 히로시마를 응원했다. 아무도 그를 신경 쓰지 않는 듯했다. 그로부터 그리 멀지 않은 곳에는 히로시마의 공식 응원석이 있었다. 멀지 않은 곳에 동지들이 있다는 생각에 용기를 얻는 걸까. 그는 10초에 한 번씩은 히로시마 응원석을 쳐다보기를 반복하며 응원을 이어 나갔다.

안타깝게도 이날 한신은 히로시마에 2:0으로 졌다. 리그 선두였던 한신과 리그 중하위권의 히로시마였는데도 말이다. 축구도 그렇더니 야구도 내가 직관하면 이기질 못하는 징크스가 생겼나 보다. 아무렴 어떤가. 오사카 사람들이 그토록 사랑하는 한신의 경기를 직접 보았다. 수만 관중 속에서 그들과 함께 환호하고 기뻐했다. 아쉬움 가득한 탄성 소리와 표정까지도 생생하다. 스포츠 경기만이 줄 수 있는 역동성이다. 아마도 다음에 어딘가에 여행을 간다면 그곳에서도 스포츠 경기를 찾아볼지도 모르겠다. 연고 팀이 유명한 도시라면 더 그럴 것 같다.

공원에서 찾은 한 달의 오사카의 진짜 의미

만박기념공원 나들이

한 달 살기를 하러 온 지 열흘 정도 지났을 때다. 계획 없는 한 달 살기를 표방하며 매일 신나는 일이 벌어지지 않을까 하는 기대를 하고 오사카에 왔는데, 막상 와보니 그런 일은 일어나지 않았다. 오히려 무언가 심심한 느낌이었다. 마치 4박 5일 오사카 여행을 한 달로 쭉 늘린 기분. 그런 늘어짐이었다.

3주 차에 접어들던 월요일, 늘 가던 동네가 아닌 새로운 곳에 가봐야겠다고 마음먹었다. 내가 지내던 에비스초는 오사카에서 비교적 남쪽 지역이다. 구글 지도에서 정반대인 오사카 북쪽 지역을 여기저기 찾기 시작했다. 딱 봐도 커 보이는 한 공원이 눈에 들어왔다. '반파쿠기넨코엔(万博記念公園)', 한국어로 번역하면 만박기념공원이다. 만박은 만국박람회의 줄임말이다. 무려 50년도 전인 1970년에 개최된 일본 만국박람회를 기념하기 위해 조성된 공원이다.

살펴보니 서울의 올림픽공원 정도 되는, 상당한 크기다. 평소에도 공원을 산책하기 좋아하는 나에게 걸으며 생각을 정리하기 딱 좋은 장소였다.

아침 일찍 집을 나섰다. 오사카 모노레일을 타고 반파쿠기넨코엔역에 내렸다. 역에 내리자마자 보인 건 이 공원의 상징과도 같은 '태양의 탑'이다. 첫인상은 다소 기괴했다. 전체 모양은 펭귄이 짧은 팔을 펼친 듯하고, 가운데는 아마도 태양인 듯한 얼굴 조각이 새겨져 있었다. 정작 맨 위에는 또 다른 얼굴이 하나 더 있다.

알고 보니 태양의 탑은 만화 〈20세기 소년〉과 짱구 극장판인 〈어른 제국의 역습〉에도 등장했을 만큼 일본인들에게는 나름 유명한 건축물이었다. 우리나라로 치면 아이유 같은, 일본의 국민 여동생 '아이묭'이라는 일본 가수의 〈Tower of the Sun〉이라는 노래 제목과 가사에 쓰이기도 했다. 일본식 영어로 발음하는 이 노래 제목의 발음도 재미있다. 우리 식의 '타워 오브 더 썬'이 아닌, '타와 오부 자 산'이다. 태양의 탑 뒤로는 평화로운 공원의 전경이 보였다. 저 공원의 벤치에 앉아 한가로운 오전을 보내야지.

한 주를 시작하는 월요일 오전 9시의 만박기념공원은 매우 한적했다. 입구에서부터 공원을 도는 동안 마주한 사람들은 열 팀도 채 되지 않았다. 넓디넓은 공원을 나 혼자 전세 낸 듯했다. 마치 내 집 앞마당 같다고도 생각했다. 〈나는 자연인이다〉 같은 프로그램을 보면 산과 바다를 내 집 삼아 유유자적 살아가는 자연인들이 나온다. 그들의 심정이 이해되는 듯했다.

이렇게나 넓고 아름다운 자연을 마음껏 즐길 수 있는데, 나는 무엇하러 내 작은 공간 하나 얻겠다며 아등바등 살았는지 모르겠다. 사실 세상에는 공짜가 많다. 공기도 공짜, 자연을 누리는 것도 공짜, 사랑하는 사람과 보내는 시간도 모두 공짜다. 여행을 다니며 아낌없이 주는 자연을 마주하다 보니 깨닫는 교훈이다. 새삼 이번 한 달 살기의 의미가 여기 있지 않을까 하는 생각이 들었다.

한적한 공원을 걷다가 눈에 보이는 아무 벤치에 앉았다. 이내 자세를 고쳐 하늘을 보고 누워서 잠시 눈을 감았다. 문득 지상낙원에 와 있다는 느낌이 든다. 머리 위에는 무성한 나뭇잎이 적당한 그늘을 만들어 주고, 나뭇잎 사이로 빼꼼 비추는 햇빛이 얼굴을 간지럽힌다.

간간이 들리는 까마귀와 이름 모를 새들이 지저귀는 소리가 들린다. 저 멀리 어린아이 몇몇이 부모와 함께 소리 지르며 뛰어노는 소리가 들렸지만, 전혀 거슬리지 않는다. "드르륵, 드르륵" 어디선가는 공사를 진행하는 드릴 소리도 난다. 그조차도 한적한 공원과 어울리는 백색 소음이다. 가져온 백팩을 베개 삼고 나무 그늘을 이불 삼아 누워 있는 내 모습을 보니 새삼 웃음이 났다. 그리고 혼자 되뇌었다.

"와, 진짜 행복하네."

그렇게 한 시간 정도 누워있었다. 잠들지 않았지만 마치 푹 잔 듯 개운했다. 아침에 나올 때만 하더라도 오늘 말고 다음에 올까 하는 생각도 들었다. 이곳에 오는 길이 꽤 멀고 전철을 여러 번 갈아타야 했기 때문이다. 전날 잠을 잘 자지 못해서 피곤하기도 했다. 그런데 그

피곤함이 말끔히 사라졌다. 신기한 일이다.

다시 벤치에서 일어나 공원을 걸었다. 길에는 아무도 없다. 자연스럽게 콧노래를 흥얼거리기 시작한다. 콧노래는 점점 커지더니 목소리를 한껏 높여 부르는 노래가 된다. 아무렴 상관없다. 아무도 날 보고 있지 않으니까. 발걸음도 가볍다 못해 점점 리듬감이 생긴다. 이처럼 신나보는 게 얼마 만인지. 이 자연을 온전히 누리는 지금이 좋다. 그동안 떨어질 대로 떨어진 자존감이 차오르기 시작했다. 이래서 사람은 가장 나다울 때 행복한 걸까. 이곳에 오니 아무 눈치도 보지 않게 되었다. 그동안 사람들의 시선을 신경 쓰느라 못했던 걸 이곳에서 마음껏 하는 기분이다. 이게 자유구나.

일본의 상담가 우에니시 아키라는 그의 저서 『혼자가 되어야만 얻을 수 있는 것』에서 이렇게 말했다. 때로는 연기를 멈추고 있는 그대로의 자신으로 돌아가야 한다고. 본인다운 모습을 되찾을 필요가 있다고. 사람이 비로소 나다울 수 있는 건 바로 혼자 있을 때다. 주위에 다른 사람이 없으면 더는 연기할 필요가 없어지기 때문이다. 그러면서 자기만의 삶의 방식을 진지하게 생각하며 성장한다. 그의 말처럼 혼자 있는 그 순간, 나는 나다워졌다.

걷다 보니 사람들이 많이 모인 곳이 보였다. 튤립 정원이다. 인터넷으로 보았던 알록달록한 풍경이 눈앞에 펼쳐졌다. 사람들은 화려한 튤립들을 배경으로 사진을 찍고 있었다. 대포 카메라를 가져온 전문 사진가들도 더러 있었다. 이런 곳에서는 사진 욕심이 나기 마련이다. 그렇게 그들과 나는 튤립과 함께 암묵적으로 서로의 촬영자가 되어 사진을 찍고, 피사체가 되어 서로의 사진에 찍히기를 반복했다. 신기한 건 벚꽃놀이처럼 이곳 역시 주로 어르신들이 전문 카메라 장비를 다룬다는 점이다. 나이가 들어서도 이처럼 멋진 취미를 가진 그들이 부러울 따름이다.

갑자기 저쪽에서 웬 열차 지나가는 소리가 들려온다. 공원 내부를 돌아다니는 작은 순환 열차다. 열차 소리가 들리자 갑자기 튤립을 찍던 사람들이 우르르 몰려가서는 열차가 움직이는 모습을 찍기 시작한다. 그 모습이 귀여웠다. 나이 드신 어르신들도 저 열차가 지나갈

때 하나 찍겠다고 서둘러 움직이신다. 역시 좋은 사진에 대한 욕심은 남녀노소 누구나 있나 보다. 사진 찍기 좋아하는 사람들의 마음은 다 똑같구나 싶다.

그분들을 보며 나도 멋진 사진을 찍는 데에 참고했다. 먼저 사진을 꽤 잘 찍는 듯한 몇 사람들을 주시한다. 그러다 그들이 사진을 찍고 떠나면 같은 자리를 얼른 차지한다. 그 자리에서 비슷한 구도로 따라 찍으면 꽤 근사한 사진이 나왔다. 원하는 사진 한 장을 찍기 위해 한 자리에서 오랜 시간 기다리고 또 쫓아가는 그들의 모습에서 열정이 느껴졌다. 나는 무언가 몰입해서 그렇게 열심히 해본 일이 마지막으로 언제였을까. 앞으로도 무언가에 몰입하는 순간들이 많아졌으면 좋겠다.

공원에 다녀와서 경서에게 자랑하듯 말했다.

"기가 막힌 공원을 하나 알아냈어. 이번 주말에 가볼래?"

이번에는 만반의 준비를 했다. 공원에 가기 전 집 근처 슈퍼마켓에 들러 이것저것 간식을 샀다. 김밥, 타코야끼, 가라아게, 멜론, 그리고 여기 처음 온 날 먹고 싶었던 생크림 카스텔라까지. 맥주 한 캔, 콜라 한 병과 돗자리도 준비했다. 공원에 도착해서는 곧장 튤립 정원 쪽으로 갔다. 주말이라 그런지 이미 돗자리를 펴고 소풍을 즐기는 사람들이 많았다. 그들 사이로 튤립이 잘 보이는 자리를 차지하고는 돗자리를 펴고 앉았다.

경서와 함께 온 소풍은 또 다른 재미가 있었다. 지난번에는 간식이 없어서 조금 썰렁했는데 이번엔 잔뜩 사 온 먹을거리로 허기진 배를 든든히 채웠다. 혼자 다니느라 조금은 쓸쓸하고 아쉬웠던 마음도 채워졌다. 혼자 하는 여행은 온전히 나를 발견하는 데에 집중하는 시간이라면, 누군가와 함께하는 여행은 여행을 다니며 느끼는 감정을 그때그때 나눌 수 있어 좋다.

"오사카에 오고 나서 열흘 동안 네 도움을 줄곧 받아 왔잖아. 여기는 네 도움 없이 처음으로 나 혼자 오사카를 탐험해서 알게 된 곳이야. 네 도움만 받던 내가 새로운 장소를 알려줄 수 있어 정말 뿌듯해."

간식을 다 먹고는 경서에게 말했다. 경서도 마침 지난 열흘 동안 내가 오사카에서의 시간을 잘 보내고 있는지 궁금했단다. 막연히 오사카에 한 번 와서 지내보라고 말했지만, 행여나 잘 지내지 못하면 어쩌지 하고 걱정했단다. 경서가 말했다.

"이제는 너 혼자서도 오사카에서 남은 기간을 잘 보낼 수 있을 것 같아!"

정말이지 그랬다.

이 공원을 기점으로 막연했던 오사카 한 달 살기의 방향이 잡혔다. 남은 기간 동안 오사카에서 무엇을 하고 어떤 하루를 보낼지 확신이 생겼다. 여전히 어디를 가고 무얼 할지 정해진 건 없다. 하지만 이건 말로는 설명할 수 없는 스스로에 대한 믿음이었다.

집으로 돌아가려고 공원을 나오는 길에 태양의 탑을 다시 마주했다. 기괴하다고 느꼈던 태양의 탑이 그새 오가며 몇 번 봤다고 괜히 정감이 가는 걸 보니 오늘도 오사카와 조금 더 가까워졌나 보다.

• 태양의 탑의 세 가지 얼굴

태양의 탑 윗부분의 '황금의 얼굴'은 미래를, 복부에 해당하는 '태양의 얼굴'은 현재를, 뒷면인 '검은 태양'은 과거를 상징한다.

여행의 낭만이 사라져 간다

오사카 근교로 떠난 이유

오사카에 처음 온 건 2013년이다. 그때도 오사카 추천 여행지를 검색하면 글리코 상이 있는 도톤보리가 가장 먼저 나왔다. 난바, 우메다, 오사카성도 꼭 들러야 할 관광지였다. 오사카와 함께 묶어 여행하면 좋은 도시로는 지금이나 그때나 교토, 고베, 나라가 꼽혔다. 교토에서는 청수사(기요미즈데라), 산넨자카, 금각사와 같은 유명 관광지가 꼭 가야 할 곳으로 꼽혔다.

그때도 오사카에는 관광객이 많았다. 특히 주말이나 공휴일에는 더욱 그랬다. 당시만 하더라도 서울에서는 명동을 제외하고는 그렇게 많은 외국인 관광객을 보지 못했다. 관광 선진국으로서 일본이 신기했던 이유다. 그래도 비교적 한적한 시간대가 있었다. 십여 년 전 평일에 연차를 내고 오사카에 간 적이 있다. 주말과는 사뭇 다른 여유로운 분위기였다. 적당히 관광객들과 현지인들이 뒤섞인, 여행을 온 이방인으로서 적절히 낭만을 느낄 수 있던 때다.

11년이 지난 오사카는 많이 달라져 있었다. 특히 도톤보리와 글리코상 앞은 심각했다. 글리코 상 앞은 거의 종일 붐빈다 해도 과언이 아니다. 한 번은 궁금한 마음에 평일 새벽 1시와 아침 7시에도 글리코상 앞에 가보았다. 그 늦고 이른 시간에도 수많은 인파가 모여 있었다. 또 한 번은 토요일 저녁에도 가보았다. 글리코 상을 배경으로 사진을 찍을 수 있는 에비스 다리는 수백 명의 인파로 가득했다. 에비스 다리 주변으로 떠밀리듯 걸어가는 인파 속에서는 살짝 불안한 마음마저 들었다. 정말 이래도 괜찮은 걸까.

사람들이 먹고 구경하는 것도 마찬가지다. 관광객들이 일본에서 하는 경험은 지극히 SNS에서의 유명세 위주로 변해 있었다. 이를테면 어디 타코야끼가 유명하다고 하면 그 앞에 우르르 줄을 서고 어디 라멘이 유명하다면 그 앞에 우르르 줄을 서는 식이다. 정작 현지인들은 쓰지 않을 듯한 물건들을 모아둔 기념품 가게에는 언제나 관광객의 발길이 끊이지 않았다. 이래서야 진짜 오사카를 조금이라도 맛볼 수 있을까.

서울 명동에서도 비슷한 느낌을 받은 적이 있다. 명동에 가면 이른바 먹자골목이 있다. 그곳에서는 평소 한국인들이 즐겨 먹는 음식이 아닌, 전형적인 관광지 위주의 음식들을 판다. 회오리 감자니, 랍스터 버터구이니, 철판 스테이크니 하는 것들. 물론 붕어빵이나 떡볶이처럼 한국인이 평소에 즐겨 먹는 음식도 가끔 있다. 그러나 가격도 비싸고 한국인이 먹는 본래의 맛과도 조금 다르다. 그 모습을 보며 이런 생각이 들었다.

"한국에 진짜 맛있고 다채로운 음식 많은데. 조금만 다른 동네에 가도 한국의 현지인들이 즐겨 가는 정말 맛있는 음식점도 많은데."

한정된 장소에서 먹고 경험한 것만으로 한국이라는 나라를 기억한다니 여간 아쉬운 일이 아니다. 안타깝지만 어쩔 수 없는 현실이다. 관광지라는 게 다 그런 것이니.

혹자는 이렇게 말하기도 한다. 사람마다 여행의 목적은 다르지 않겠냐고. 맞는 말이다. 한정된 시간과 물리적 제약으로 인해 유명 관광지만 다녀야 하는 상황이 대부분이다. 특히 어떤 여행지를 처음 가면 가장 유명하다는 곳을 포기하기란 쉽지 않다. 그러다 보면 결국엔 남들이 다니는 곳 위주로 다닌다. 비슷한 걸 보고 먹으며 느낀다. 어느새 여행은 정형화되고 다양성이 사라진다. 여행의 낭만이 사라져 간다.

伝
串
50円

복잡한 관광지는 이제 그만 가고 싶어

교토, 나라 일일 버스 투어

한 지역에 지나치게 관광객이 몰려드는 현상을 '오버투어리즘'이라 한다. 오버투어리즘은 현지인의 평범한 일상에 피해를 준다. 그뿐만이 아니라 그 지역의 여행을 기대하고 간 관광객에게도 결코 좋은 일이 아니다. 현지 분위기를 느끼려고 간 여행지에서 관광 인파만 실컷 구경하다 오기 때문이다. 이러한 현상을 막고자 주요 관광도시는 여행객에게 숙박세나 관광세 등을 부과하는 식으로 피해를 보전한다. 일본 당국도 마찬가지다. 오사카에서 숙박하는 관광객에게 숙박세를 부과하고 있고 관광세 도입마저도 검토하고 있다.

오사카에서 한 달 동안 지내니 근교 도시에도 다녀오고 싶었다. 대표적으로 교토, 고베, 나라가 있다. 그동안에 한 번도 안 해봤던 일일 버스 투어가 떠올랐다. 인터넷에 찾아보니 오사카 근교의 유명 관광지들을 다양하게 조합한 버스 투어 상품이 여럿 있다. 내가 가보지 않은 관광지 위주로 구성된 상품을 하나 골랐다. 하루 안에 나라와 교토의 주요 관광지를 무려 다섯 코스나 둘러보는 빠듯한 일정이었다.

유난히도 하늘이 푸르던 어느 날 아침, 도톤보리에서 예약된 관광버스를 탔다. 함께 탄 일행만 삼십여 명. 일본에서 십여 년간 생활하셨다는 한국인 가이드분이 종일 우리를 안내했다.

처음 도착한 곳은 나라의 사슴 공원과 함께 있는 '도다이지(동대사)'다. 동쪽(東)에서 가장 큰(大) 절(寺)이라는 뜻이다. 세계 최대의 목조 건물이기도 하다. 그 명성 때문인지 아침 10시 정도의 이른 시간임에도 수백 대의 대형 버스가 이미 주차장을 가득 메우고 있었다. "그래도 나라는 오사카나 교토보다는 사람이 적겠지?"라고 생각했는데, 순진한 예상은 보기 좋게 빗나갔다.

마침 4~5월은 일본 중학생들이 수학여행을 많이 가는 시기였다. 우리나라 학생들이 수학여행 시즌에 으레 경주 불국사와 같은 유서

出口
Exit

깊은 유적지에 가듯, 일본 학생들이 나라로 수학여행을 가면 반드시 들르는 절이 동대사라고 한다. 교복을 입은 학생들의 무리가 동대사 마당을 온통 뒤덮고 있었다. 일본에서 가본 그 어떤 관광지보다도 사람이 많았다. 첫 일정이지만 벌써 진이 빠지기 시작했다.

다시 버스에 올라탔다. 이렇게 하루 안에 다섯 번 버스를 오르내리는 강도 높은 일정이다. 이번에는 '여우 신사'로 유명한 교토의 '후시미 이나리 신사'로 이동했다. 후시미는 교토의 지역명이고 이나리는 농업의 신을 뜻한다. 원래는 오곡 풍요를 관장하는 농업의 신이지만, 현대에는 사업을 번성하게 하고 안전을 지켜주는 신으로 여겨진다. 흔히들 여우 신사라 하면 "여우신을 모시는 건가?" 하고 오해하기 쉽지만, 사실은 이나리 신을 수호하는 여우 동상이 신사 곳곳에 많아서 붙여진 별명이다.

영화 〈게이샤의 추억〉에는 주인공 '치요'가 나막신을 신고 줄지어 선 붉은 도리이 사이를 달리는 유명한 장면이 나온다. 영화 속 그곳이 바로 후시미 이나리 신사다. 1천 개가 넘는 '센본도리이(千本鳥居)'를 비롯하여 여우 신사에는 1만 개 이상의 도리이가 세워져 있다. 전국 3만여 개가 넘는 이나리 신사의 총본궁인만큼 일본의 내로라하는 기업들의 후원이 끊이질 않는다. 도리이 하나에 최소 30만 엔에서, 많게는 180만 엔에 달한다고 하니, 가히 천문학적인 금액이다.

"여러분, 일본의 많은 기업이 사업의 번영을 기원하며 여우 신사에 매년 엄청난 돈을 후원하고 도리이를 세워요. 복을 빌기 위해서요. 그 수입이 너무나도 많아서 일반인들에게는 입장료를 안 받는다고 해

南神具株式會社
神祭具一式
TEL.FAX
641-1307

요. 좋은 소식이죠?"

가이드의 이런저런 설명을 듣다 보니 금세 교토 후시미 이나리 신사에 도착했다. 여기도 역시나 주차장부터 사람이 많다. 신사까지 올라가는 좁은 골목은 정상적인 속도로 걷기조차 어려울 정도로 발 디딜 틈이 없었다. 골목의 양쪽엔 '야타이'라 불리는 포장마차들이 들어서 있어 안 그래도 좁은 길이 더 복잡했다. 다행이라면 다행인지 이곳에서 허락된 시간은 짧았다. 도리이가 줄지어 서 있는 곳에 가서 얼른 사진 하나만 찍고 내려와야지. 유명 관광지에 가서 사진만 찍고 오는 여행을 내가 하고 있다니. 버스 투어가 다 이런 건가. 조금씩 회의감이 몰려오기 시작했다.

신사 곳곳엔 동전을 던지고 손을 맞춰 합장하며 기도하는 사람들이 보였다. 교복을 입은 학생들도 그런 풍습이 익숙한 듯 손을 모아 기도하고 있다. 이게 생활 깊숙이 자리 잡은 일본인의 신도 신앙인가 보다. 그런 그들을 신기한 듯 서양 관광객들이 바라보고 있다. 그들을 잠시 바라보다 자리를 떠났다.

짧은 여우 신사 방문을 마치고 간 다음 코스는 '은각사'와 '철학의 길'이다. 또다시 수많은 인파를 마주할 자신이 없던 나는 이번엔 조금 쉬어야겠다고 생각했다. 고작해야 이십 분도 못 보는데 입장료도 내기 아까웠다. 약 삼십 분 뒤의 소집 장소만 확인받고 투어 일행이 은각사로 향하는 동안 나는 근처 철학의 길로 발길을 옮겼다.

철학의 길은 은각사 주변의 약 2km 되는 길이다. 일본의 유명 철학자 니시다 기타로(西田幾太郎), 다나베 하지메(田辺元), 미키 기요시

(三木清) 등이 사색을 즐겼던 길로 유명하다. 좁은 하천을 따라 500여 그루의 벚나무가 우거진, 작지만 근사한 숲길이다. 봄에는 벚나무가 터널을 이루고 여름에는 푸른 잎이, 가을에는 단풍이, 겨울에는 소복이 쌓인 눈이 운치를 더하는 덕에 '일본의 길 100선'에 꼽히기도 했다. 벚꽃이 만개한 봄이었다면 이 길도 사람들로 바글바글했겠지. 그곳에서 나에게 주어진 삼십 분의 여유로운 산책을 즐겼다.

철학의 길에는 예상외로 서양인들이 많았다. 길가의 예쁜 테라스 카페에 앉아 책을 읽거나 대화를 나누는 사람들은 공교롭게도 대부분 서양인이었다. 여행을 다니며 느낀 흥미로운 사실이 있다. 동양인과 서양인의 여행 스타일이 확연히 다르다는 점이다. 동양인들은 주로 유명한 관광지를 다니고 사진을 찍으며 이곳에 다녀갔다는 성취감 위주로 여행을 다닌다. 반면 서양인들은 사람이 적고 한적한 장소에서 분위기 자체를 즐기는 여행을 선호하는 듯했다. 신기한 건 서양인들은 어쩜 이렇게 한적한 장소를 잘 찾아다니는지였다. 어디선가

자전거를 빌려 타고 다니는 이들도, 목 좋은 카페에 앉아 여유를 즐기는 이들도 대체로 서양인이었다. 그들을 보며 하나라도 더 보겠다며 욕심부린 내 여행 스타일을 되돌아보았다. 하루 이삼만 보씩 돌아다니며 무언가에 쫓기듯 꼭 그렇게 해야만 했을까. 그건 마치 성취가 최우선이었던 학업과 직장 생활처럼, 여행마저 '잘' 해내려 했던 지난날의 지독한 내 습성인지도 모르겠다. 철학의 길을 걷다 보니 나도 모르게 이런저런 사색에 잠겼다.

마지막 코스는 '기요미즈데라'라 불리는 '청수사(清水寺)', 그리고 청수사로 올라가는 언덕 '산넨자카'와 '니넨자카'다. '넨'은 '연(年)'을, '자카'는 '언덕(坂)'을 뜻한다. 즉 산넨자카는 '3년 언덕', 니넨자카는 '2년 언덕'을 말하는데, 산넨자카에서 넘어지면 3년 이내에, 니넨자카에서 넘어지면 2년 이내에 불운이 찾아온다는 미신이 있다. 그만큼 경사가 급하니 넘어지지 않게 조심히 다니라는 의미의 배려가 담겨 있다.

이날의 모든 일정은 청수사 일정을 성공적으로 마치기 위함이었다 해도 과언이 아니다. 그만큼 교토에서 가장 많은 관광객이 모여드는 관광지다. 원래 주인공은 맨 마지막에 등장하는 법. 어쩌면 청수사는 이날 교토에 방문한 대부분 관광객이 마지막으로 남겨둔 코스일지도 모른다.

청수사에 몇 차례 왔지만, 관광버스로 온 적은 없었다. 대형 버스로 방문하는 청수사는 주차장으로 가는 길부터 험난한 여정이었다. 좁디좁은 길에 전봇대까지 갓길을 막고 있어 왕복 2차로임에도 차가 한

대씩만 지나갈 수 있었다. 경사가 꽤 있고 좁은 그 언덕길에서 버스 기사님은 거의 곡예에 가까운 운전 기술을 선보였다. 걸어서 5분이면 올라갈 거리를 약 30분의 시간이 걸린 끝에 겨우 주차장에 도착했다.

청수사로 향하는 산넨자카 언덕에서 다시 한번 놀랐다. 8년 전 산넨자카에 왔을 때만 하더라도 아기자기한 산넨자카 거리를 구경하는 재미가 있었다. 골목마다 들어선 상점들은 교토만의 고즈넉한 매력을 뿜어냈다. 안타깝게도 이제는 그렇지 않았다. 매력은커녕 사람들에 밀려 한 발짝도 나아가기 어려웠다. 같이 올라가던 투어 일행은 어느새 뿔뿔이 다 흩어진 채, 오로지 눈앞에 솟아있는 여행사 깃발만 바라보며 힘겹게 그 언덕을 올라갔다. 이러다 무슨 사고가 나도 이상하지 않을 정도의 혼잡함이었다. 산넨자카에 오면 일본 전통 거리를 걷는 낭만이 있었는데. 그 낭만이 다 사라진 듯했다.

청수사 앞에 도착해서도 한참을 망설였다. 굳이 입장료를 내고 사람 구경만 하다 오는 건 아닐까. 그러다 문득 이 복잡함을 직접 느끼고 글과 사진에 담고 싶다는 생각이 들었다. 그냥 여행을 왔다면 지난

번처럼 들어가지 않았겠지만, 이번엔 작가로서 오사카에 온 거니까. 그래, 처음이자 마지막으로 한번 들어가 보자. 입장표를 끊었다.

사람들이 몰린 곳은 딱 두 군데다. 청수사 본당, 그리고 그 청수사 본당을 한눈에 볼 수 있는 별당인 '아미타당(阿弥陀堂)'과 '오쿠노인(奥の院)' 앞이다. 청수사를 둘러싼 산과 교토 도심이 잘 보이는 그곳에서 사람들은 너도나도 인증사진을 찍기 바빠 보였다. 그저 그들을 바라만 보았다. 내 얼굴이 담긴 사진 하나 찍으려 했지만, 표정을 지을 힘도 없었다. 너무나도 많은 인파에 이미 넋이 나가 있었다. 청수사의 풍경만 잠시 사진에 담고는 서둘러 건물 뒤편으로 돌아 내려갔다.

아미타당과 오쿠노인을 지나서는 숲길이 이어졌다. 숲길을 걸으니 잠시 나간 넋이 돌아오는 듯했다. 사람들이 많은 곳보다는 한적한 곳을 좋아하는 내 취향을 확실히 깨닫는 순간이었다. 철학의 길도 그랬고 이곳도 그랬다. 이런 내 모습이 조금은 낯설었다. 사실 몇 년 전까지만도 사람들이 바글바글 많은 곳을 좋아했기 때문이다. 주말이면 일부러 사람들이 많은 번화가에 나갔는데. 여행을 가서도 사람이 많은 번화가는 꼭 한 번 다녀와야 직성이 풀렸는데. 이제는 혼자 사색을 즐길 수 있는 한적한 곳이 좋다.

지난 3주간 열심히 오사카 곳곳을 탐험했으니, 이제는 오사카 밖으로 나가고 싶어졌다. 다만 기존 오사카 하면 함께 떠오르는 교토, 나라, 고베가 아닌 다른 곳에 가고 싶다. 관광객들이 잘 가지 않는 오사카 근교 소도시에 가야지. 대도시에서는 느낄 수 없는 소박함과 여유

로움을 느끼고 싶었다. 오사카 여행을 오는 사람들에게 근교에도 좋은 곳이 많다는 걸 알려주고 싶다.

하루 다섯 개 코스를 둘러본, 이날의 투어는 사실 관광지 하나하나를 소상히 기억하기는 어려웠다. 하지만 이날 느낀 감정은 여행에 대한 내 생각을 많이 바꿔 놓았다. 적어도 내 여행 취향이 어떤지는 확실히 알게 되었다. 대형 관광버스를 타고 유명 관광지만 찍고 다니는 여행도, 충분히 여유 있게 둘러볼 여유도 없이 금세 주차장으로 다시 모여야만 하는 빠듯한 일정도 나에게는 맞지 않았다. 대신 한가롭게 산책하고, 걷다가 들어가고 싶은 상점이 있으면 들어가고, 경치가 좋은 곳에서는 무턱대고 벤치에 앉아 풍경을 즐기고 사람들을 관찰하는 게 내가 좋아하는 여행 방식이라는 걸 깨달았다.

어쩌면 우리 인생도 그렇다. 삶이라는 여행을 하며 우리는 이렇게나 많은 걸 해냈음을 증명하고 보여주기 위해 살고 있는지 모르겠다. 여행지에 하나라도 더 가야만 한다는 강박처럼 인생에 하나라도 더 이루어야 한다는 목표 의식의 강박에 매여 살아가는 건 아닌지.

여행사의 가이드처럼 인생에도 가이드가 있을지 모르겠다. 이 길이 남들이 많이 가는 길이라고, 이 길로 가면 더 빨리 많은 걸 누릴 수 있다고 알려주는 가이드 말이다. 그러나 때로는 가이드가 제시한 길이 아닌 다른 길을 선택했을 때 삶이 훨씬 풍요로워짐을 경험한다. 모든 투어 일행이 가던 은각사에 가지 않고 나 혼자 철학의 길에 갔을 때 우연히 만난 여유처럼. 청수사 본당에는 사람들이 잔뜩 모여 있었지만 청수사 본당을 지난 한적한 뒷길에 오히려 여유로운 숲길이 있던 것처럼. 삶 곳곳에서 우연히 만나는 여유를 충분히 즐기며 살아가고 싶다.

모든 일정을 마치고 아침에 모였던 도톤보리에 돌아왔다. 도톤보리강 위에는 붉은 노을이 펼쳐지고 있다. 지나가던 사람들은 모두 그 노을을 바라보고 있다. 아이러니하게도 하루 6만 원짜리 버스 투어를 다니며 종일 보았던 그 어떤 관광지보다도 설레었던 건 아침과 저녁에 도톤보리강에서 본 하늘이었다. 사진으로는 다 담기지 않을 정도의 벅찬 아름다움이었다. 어쩌면 진짜 소중하고 아름다운 건 돈을 들이지 않아도 누릴 수 있다는 말이 다시 한번 떠올랐다. 그 찬란한 노을을 한참이고, 한참이고 바라보았다.

Cruise

賃貸の
キャラ
5坪～200坪
All Tax Free
マンション
レジャ
富士ホーム
サービス
0120 518 105
賃貸・分譲のことなら
焼肉
鍋物
牛一
KOBE BEEF
Rigel

오사카 사람들의 1순위 휴양지, 시라하마

시라하마 첫째 날 : 토레토레 시장, 시라라하마 해변

일본에는 골든위크라는 게 있다. 일본식 발음으론 '고루덴위쿠'. 통상 4월 말에서 5월 초까지 일본의 공휴일이 모여 있는 기간을 말한다. 4월 29일 쇼와의 날(천황 탄생일), 5월 3일 헌법기념일, 5월 4일 녹색의 날(식목일), 5월 5일 어린이날까지 전부 공휴일이다. 여기에 5월 1일 근로자의 날까지 합쳐져 대부분의 직장인은 징검다리 연휴를 맞이한다. 중간에 낀 근무일에 휴가를 내거나, 주말이 끼었을 경우 대체 휴일이 적용되면 길게는 일주일 이상 쉬는 장기 휴일이 된다. 회사 차원에서 아예 공통 휴가를 적용하기도 한다. 우리의 명절 연휴처럼 일본인에게는 연중 가장 오래 쉴 수 있는, 가장 고대하는 기간이다.

골든위크가 시작하는 토요일 아침, 난바 터미널에서 '시라하마'로 가는 고속버스를 탔다. 경서가 미리 버스표를 예매했다. 한국어로 번역도 어려웠던 버스 예매 사이트는 아마 경서가 없었으면 예매도 어려웠을 거다. 버스는 전 좌석 만석이었다. 골든위크를 맞아 시라하마로 떠나는 사람들은 설레 보였다. 그 설렘에 함께하는 것 같아 덩달아 가슴이 두근거렸다.

시라하마는 일본인들이 즐겨 찾는 대표적인 휴양지다. 오사카 남단에 있는 '와카야마현'에서도 꽤 남쪽에 위치한다. 오사카에서 버스를 타고 서너 시간 정도 걸리는 거리다. 우리 부모님 세대에 신혼여행 1순위가 제주도였던 시절, 간사이 사람들의 신혼여행 1순위는 시라하마였을 만큼 오랜 기간 일본인에게 사랑받은 휴양지다. '관서(関西)'를 뜻하는 '간사이'는 오사카부, 교토부, 효고현, 시가현, 나라현, 와카야마현의 2부 4현으로 이루어져 있다.

시라하마에 가고 싶은 이유는 약 620m 길이의 시라라하마 해변을 보고 싶어서다. 섬나라 일본에 왔건만 바다다운 바다를 보지 못했다. 물론 오사카에도 바다가 있지만 뭔가 아쉬웠다. 어릴 때부터 해운대

와 광안리를 보며 자라와서 그런지 오사카의 작은 바닷가는 그리 성에 차지 않았다. 어느 날 인터넷에서 오사카 주변의 갈 만한 곳을 찾아보다가 시라하마의 바다 사진을 보았다. 내가 바라던 풍경이었다. 바다 말고는 크게 볼 게 없는 한적한 어촌 마을이라는 점도 마음에 들었다.

왼쪽 차로로 달리는 일본의 고속버스는 처음이라 그조차도 새로웠다. 한 시간 반 정도 가다가 키노가와 SA라는 휴게소에 잠시 들렀다. 일본의 휴게소도 가보고 싶었는데, 이렇게 소소한 소망을 이룬다. 통상 일본의 휴게소는 SA라고 부르는데 Service Area를 줄인 말이다. 우리나라에서는 요즘 워낙 유명한 휴게소가 많다. 맛집으로 유명하거나 다양한 테마를 곁들인 휴게소들 말이다. 우리나라 휴게소도 그러한데 일본 휴게소는 얼마나 흥미로울까 기대했다.

그러나 기대와 달리 일본 휴게소에는 특별한 게 없었다. 라멘, 우동, 소바, 카레와 같은 예상되는 음식들을 파는 정도였다. 편의점도 무난했다. 아쉬운 대로 휴게소 주변을 잠시 둘러보았다. 저 멀리 아기자기한 주택들로 이루어진 시골 마을이 보인다. 오사카에서는 볼 수 없던 풍경이다. 서울에서도 근교로 조금만 나가면 도시와는 전혀 다른 세상이 펼쳐지듯 이곳도 그랬다. 고속버스를 타고 오사카 근교에 나가려 했던 건 이러한 풍경을 일본에서도 보고 싶었기 때문이기도 하다.

다시 버스를 타고 한 시간 조금 넘게 이동해서 시라하마 근처에 다다랐다. 여기서부터는 광역버스처럼 종착역에 가기 전까지 몇 개 정류장에 정차하는 식이다. 안내 모니터를 보니 이번에는 토레토레 시장에 정차한다는 메시지가 나왔다. 토레토레 시장은 시라하마 여행을 검색하며 몇 차례 봤던, 시라하마를 대표하는 수산물 시장이다. 2박 3일 일정 중에 이곳에는 꼭 한번 들르고 싶었다. 회를 너무 좋아하는 나로서는 이곳을 그냥 지나칠 수 없다.

"내릴까?"

"응, 내리자!"

경서와 눈빛을 한번 주고받고는 냉큼 하차 벨을 눌렀다. 밖은 비가 꽤 내리고 있었지만 아랑곳하지 않았다. 이런 즉흥적인 선택이 여행의 재미를 더해준다.

토레토레 시장은 노량진 수산시장의 절반 정도 되어 보였다. 시장에서는 각종 해산물이나 생선회, 건어물 등을 팔고 있었다. 한쪽에는 시장에서 산 해산물로 바비큐를 해주는 상차림 식당도 있고, 다른 한쪽에는 시장에서 산 회나 초밥을 먹을 수 있는 간이 테이블도 수십 개 마련되어 있었다.

시장에 들어가자마자 사람들이 바글바글 모여서 무언가를 구경하고 있다. 참치 해체 쇼가 마침 진행 중이었다. 시간대가 잘 맞아야 볼 수 있다던, 토레토레 시장의 유명한 볼거리다. 어디에서도 보지 못한 거대한 참치였다. 경서와 나는 눈이 휘둥그레진 채 서로를 쳐다보고

まぐろ祭り
缶づめ各種
鯨
尾ノ身
ケース・保冷剤付きで
10時間安心
釜揚げしらす
1200円

保冷パック
1袋50えん
しらすふりかけ
KATATA
大和煮
600円

本日の
天然
ハマチ
600円
徳島県
グレ
加熱用

イカキムチ
いか浜造り
いか塩辛

北海道産 天然
知床サーモン
厚切り 1P
6切入
1,000円
ロシア産
天然
紅鮭切身
5切

全皿わさび抜きとなっております。
ほたて
赤えび
たこ
サーモン
いか

끄덕이며 잘 내린 것 같다는 눈빛을 주고받았다. 구경하는 사람들 대부분이 일본인이었는데 그들조차도 이 광경이 신기한 듯 연신 카메라로 찍으며 흥미롭게 구경하고 있었다.

해체한 참치는 그 자리에서 판매하고 있었다. 여기까지 와서 이 참치를 안 먹을 수 있나. 심지어 일본 참치는 냉동이 아니라 생(生)이라는 이야기를 들은 적이 있다. 평소라면 비싸서 쉽게 사 먹기 어려웠던 참치 대뱃살과 생선회, 초밥 몇 점을 사서 자리를 잡았다.

참치 대뱃살은 그동안 먹었던 참치회와는 차원이 달랐다. 이래서 참치집에 그토록 비싼 VIP스페셜 메뉴가 있던 건가. 입에서 몇 번 오물오물하니 순식간에 사라져 버렸다. 참치의 고소한 기름이 입안의 침과 뒤섞여 은은한 풍미가 남았다. 생선회도 맛있었다. 활어를 좋아하는 우리나라와는 달리 일본은 선어, 즉 숙성회를 선호한다. 그런 일

본에서 활어회를 먹는 건 색다른 경험이었다.

시장을 나와 숙소로 가는 마을버스를 탔다. 오사카에서는 주로 지하철만 타느라 버스 탈 일이 잘 없었다. 더군다나 시골의 마을버스라니 흥미롭다. 절반 정도는 현지 할머니들과 교복을 입은 어린 학생들, 나머지 절반은 외지에서 온 관광객들이 버스를 타고 있었다. 버스는 느릿느릿 이동했다. 도시였으면 속이 터졌겠지만, 이마저도 시골 마을에 잘 어울리는 정서 같았다.

20분 정도 버스를 타고 예약한 숙소에 도착했다. 다다미방이 있는 일본식 느낌의 숙소다. 창밖으로는 바다가 곧장 보였고, 잔잔하고 평화로운 어촌의 풍경도 펼쳐졌다. 거세게 내리던 비는 잦아들었고 모든 게 순조로웠다.

"그래, 내가 원했던 여행은 이런 거였지!"

창문으로 들어오는 시원한 바닷바람을 맞으며 잠시 피로를 풀었다. 아침에 집을 나서서 대략 5시간 걸린 여정이었다. 그 노고를 모두 보상받는 듯했다. 매일 무언가를 해야 했던 바쁜 오사카 생활을 잠시 접어두었다. TV도 틀어봤다. 채널을 이리저리 돌렸다. 당연하게도 일본어로 된 방송만 나왔다. 가장 일본어를 몰라도 되는 방송을 하나 틀었다. 한신 타이거스의 고시엔 홈경기였다. 야구를 보다 잠들기를 반복하며 두어 시간을 보냈다.

2박 3일 동안 숙소에서 먹을 간식거리를 사러 근처 슈퍼마켓에 갔다. 10분 정도 걸어가는 길이었다. 그 10분 동안 시라하마의 또 다른 매력을 발견했다. 이곳은 클래식 자동차의 천국이었다. 클래식 자동차가 아니더라도 오사카 시내에서는 볼 수 없던 멋진 자동차가 많았다. 나중에야 들었는데 간사이 지방의 부자들이 시라하마에 별장을 두고 있는 경우가 많다고 했다. 그 때문인지 시라하마에서는 독특하고 멋진 자동차들이 많이 보였다.

멋진 차가 지나갈 때마다 연신 사진을 찍었다. 삼사십여 대는 찍은 듯하다. 경서는 그런 날 보며 신기해했다. "네가 자동차를 이렇게 좋아하는 줄은 몰랐어." 나도 처음 깨달았다. 내가 이렇게나 자동차를 좋아하는 줄을. 멋진 차를 볼 때마다 진심으로 행복해했다. 이번 여행이 나에게 남긴 소중한 하나는 이전에는 미처 몰랐던 새로운 취향을 깨닫게 해준 점이다.

간식거리를 숙소에 두고 다시 나왔다. 구글 지도로 살펴보니 근처

에 하마쇼쿠도(浜食堂), '해변식당'이라는 뜻의 일본 가정식 식당이 있었다. 우리로 치면 백반집인 셈이다. 가격도 저렴하고 사진을 보니 꽤 먹음직스러워 보였으며 평점도 높았다. 곧장 그곳으로 향했다.

식당은 꽤 허름했다. 세월의 흔적이 느껴지는 물건들이 곳곳에 있었다. 주방에는 남자 주방장 한 분이 요리하고 있고 홀에 있던 여자 사장님이 밝은 미소로 우리를 반겼다. 비교적 무뚝뚝하다는 오사카 사람들만 주로 봐서 그런지 사장님의 상냥함이 순간 어색했다.

사장님은 마치 일본 애니메이션에 나올 법한 애교스러운 목소리로 주문을 받을 때부터 음식이 나올 때까지 친절하게 우리를 대하셨다. 특히 굉장히 높은 톤으로 "하이!", "아리가또!"라고 말하는 독특한 말투가 매력적이었다. '아리가또'의 '또'가 강조되는, 표현하자면 "아리가-또↗" 같은 말투다. 여행을 마치고 와서도 경서와 나는 종종 그 사장님을 떠올리며 "아리가또!"를 외치고는 한다.

생선 고로케 정식과 돼지고기볶음 정식을 하나씩 주문했다. 음식은 만족스러웠다. 깔끔하고 담백하니 조미료가 거의 들어가지 않은 듯한 건강한 가정식의 맛이었다. 반찬도 다채로웠다. 오사카 어느 식당에서도 먹어보지 못한 몇 가지 반찬을 내어주셨다. 상냥한 사장님과 건강한 가정식. 완벽한 조화다. 아리가또 사장님에게 다음 날 저녁도 오겠다고 약속하며 가게를 나섰다.

시라라하마 해변으로 갔다. 마침 일몰 시간대다. 시라하마는 서쪽을 향하는 바다라 올 때부터 일몰을 기대했다. 아쉽게도 종일 내렸던 비 때문인지 아직 수평선 저 끝에는 구름이 가득하다. 아름다운 일몰은 볼 수 없지만, 하늘과 바다의 조화는 아름답기 그지없다. 하늘과 바다의 푸른빛은 하나인 듯 엇비슷했다. 그사이 몽실몽실 떠 있는 구름마저도 신비로웠다.

아름다운 자연을 보며 힘겨웠던 지난 시간이 스쳐 지나갔다. 수년간 긴장에서 벗어나지 못한 마음이 마침내 무장해제되고 말았다. 그간의 모든 수고를 대자연으로부터 위로받는 기분이었다. 이번 오사카 여행의 정점은 바로 이곳, 이 순간이라는 생각이 들었다. 잔잔한 바다를 한참 바라보며 마음은 고요해지고 평화로워졌다.

숙소 입구에 들어가려는데 웬 새끼 고양이가 한 마리 있다. 태어난 지 얼마 안 되어 보이는 작은 몸집의 고양이다. 그 모습이 귀여워서 쳐다보고 있는데 똑같이 생긴 다른 녀석이 한 마리 더 나타난다.

"얘네 뭐야! 너무 귀엽잖아!"

고양이를 좋아하는 경서는 난리가 났다. 세 번째 고양이도 나왔다. 역시나 비슷하게 생긴 녀석이다. 아마도 셋이서 형제인 듯하다.

사실 나는 평생을 동물에 무관심했다. 반면 경서는 한국에서 두 마리 고양이의 집사였다. 그 아이들을 자기 동생으로 생각하고 대할 만큼 고양이를 끔찍이도 아낀다. 그런 경서와 가까워지며 조금씩 고양이에 대한 마음이 열려가던 중이었는데, 이 녀석들을 보며 내 마음은 다시 한번 무장해제되고 말았다. 이래서 고양이를 좋아하는 건가. 말 그대로 '뽀시래기' 같은 녀석들이었다. 아직 태어난 지 얼마 되지도 않은 녀석들은 사람에 대한 경계도 전혀 없었다. 난생처음 고양이가 사랑스러워 보인다고 느끼며 이런 생각이 들었다.

"나는 아직도 나 자신을 잘 모르는구나. 평생 알아가야 할 존재가 바로 나 자신이구나."

이런 생각도 들었다.

"그저 바다가 보고 싶어 별 계획 없이 온 이곳에서 생각지도 못한 선물 같은 순간을 계속해서 마주하는구나."

고양이를 별로 좋아하지 않던 내가 살면서 처음으로 고양이에게 관심을 가진 건, 나로서는 또 다른 취향을 발견한 소중한 순간이다. 시라하마 시골길을 걸으며 만난 수많은 멋진 차들도, 우연히 찾아간 동네 작은 식당에서 만난 친절한 사장님과 맛있는 저녁 식사도, 아름다운 노을과 함께 바라본 해변의 평온함도, 모든 건 생각지도 못한

‘여행의 선물’이다.

뜻밖의 선물을 연이어 마주하며 또 하나 삶의 지혜를 배운다. 아등바등 무언가를 계속해서 성취해야만 했던 내 인생도 그럭저럭 괜찮았지만 때로는 힘을 빼고 아무 계획 없이 살아가는 인생에도 선물 같은 순간이 찾아온다는 지혜를 말이다.

그리고 깨닫는다. 그 선물 같은 순간은 그동안 스스로 규정해 온 나 자신에게서는 결코 만날 수 없다는걸. 그동안 전혀 몰랐던 나 자신을 알아갈 때 만날 수 있다는걸.

48-09

FISHERMAN'S WHARF
OF SHIRAHAMA TOWN
コインランド
海鮮市場

58-04

백반집 아리가또 사장님의 따뜻한 손길

시라하마 둘째 날 : 산단베키 절벽, 일본 가정식 식당

이튿날 아침. 흐렸던 전날과는 달리 날씨가 맑아졌다. 평소에는 거의 안 하는 아침 산책이지만 이런 곳에서는 안 할 수가 있나. 어제저녁 보았던 시라라하마 해변의 아침이 궁금해서 아침도 안 먹고 일찍부터 나갔다. 해변은 어제와는 전혀 다른 분위기였다. 새파란 하늘이 수평선 부근에서 옅어지더니 다시 새파란 바다가 이어진다. 우리나라에서는 쉽게 보지 못할 빛깔이다. 바다는 또 어찌나 맑고 잔잔한지 바닷속 모래알이 모두 보였다. 아름다운 하늘과 바다, 그리고 해변을 거니는 사람들을 피사체 삼아 한참 동안 사진을 찍었다.

숙소로 돌아오는 길에 편의점에 들러 고양이 츄르와 사료를 샀다. 아침에 나오는 길에도 어제 본 뽀시래기들을 마주쳤기 때문이다. 내 인생 처음 사보는 츄르다. 어젠 세 마리였는데 오늘은 한 마리 늘어

네 마리다. 사형제였나보다. 사 온 츄르와 사료를 주자 녀석들은 경계도 없이 다가와서는 빠른 속도로 먹기 시작한다. 경서 말로는 야생 고양이라 많이 굶었을 거란다. 이 조그마한 녀석들이 굶는다니. 안쓰러웠다. 우리가 있는 동안이라도 배불리 먹기를.

허겁지겁 먹어대는 녀석들을 보니 전날 저녁에 느낀 감동이 재현되는 듯하다. 아름다운 하늘과 바다를 보고 와서 이렇게 귀여운 네 마리 고양이들과 시간을 보내다니. 내가 아무리 많은 걸 가졌다 하더라도 지금보다 행복할 수 있을까. 난생처음 느끼는 묘한 충족감이다.

숙소를 드나들 때마다 고양이들을 확인하는 건 일상이 되었다. 고양이들은 항상 그 자리에 있었다. 새끼 고양이라 멀리 가지도 못하는 듯했다. 점심쯤 숙소를 나서면서 입구를 살피는데 세상에나. 넷이서 나란히 엎드려 낮잠을 자고 있다. 누가 억지로 연출하려야 할 수도 없

을 정도로 다정하게 서로의 몸을 베개 삼아 잠들어 있었다. 그런 녀석들을 예쁘게 사진에 담고 싶어 자세를 한껏 낮추고는 엉금엉금 조심스럽게 다가가는데,

"우당탕! 우당탕퉁탕!"

아뿔싸. 나도 모르게 옆에 있던 삽을 발로 차버리고 말았다. 큰 소리에 녀석들은 화들짝 깼다. 한 마리는 즉시 자리를 옮겼고 나머지도 전부 눈이 동그라져서 주변을 두리번거린다. 너무나도 미안했다. 그 순간 나 자신이 낯설었다. 어제 처음 본 고양이한테 이렇게나 푹 빠졌다고? 내가 살면서 이렇게 동물에 관심을 가지고 교감하려 노력한 적이 있었나. 아무래도 처음이었다. 사람들이 왜들 그렇게 반려동물을 사랑하는지 그제야 조금은 알 것 같았다.

이틀날 오후에는 마을버스를 10분 정도 타고 산단베키 절벽에 갔다. '산단베키(三段壁)', '3단 벽'이라는 뜻이다. 절벽 모양이 3단으로 나뉜 모습에서 유래한 이름이다. 버스 정류장에 내리니 간단한 먹거리와 몇 종류의 과일을 파는 작은 슈퍼가 하나 있었다. 유독 귤과 딸기가 싱싱하고 맛깔스러워 보여 하나씩 샀다.

시라하마가 속한 와카야마 지방은 일본 최대 귤 생산지다. 여러 면에서 시라하마는 제주도와 비슷

하다. 귤은 신맛이 거의 안 느껴질 만큼 달콤했다. 반면 귤 안에 씨가 많았다. 제주도 귤과 비슷한 듯 묘하게 다른 생김새와 맛이었다.

산단베키 절벽 근처에 갔다. 탁 트인 넓은 바다가 눈에 들어온다. 산단베키는 부산의 태종대나 제주도의 용머리 해안에서 볼 수 있는 그런 거친 절벽이다. 다른 나라에 와서 우리나라와 비슷한 듯 다른 대자연을 마주하는 건 흥미롭다. 특히 일본은 우리와 지리적으로 인접하면서도 섬나라라는 특성이 있어 비슷한 듯 다른 매력이었다.

바다를 앞에 두고 아까 사 온 귤과 딸기를 봉지에서 꺼내 먹었다. 아름다운 자연을 바라보며 먹는 싱싱한 과일의 맛은 특별했다. 어쩌면 지난 이십여 년의 서울 생활을 청산하고 시골에 내려가서 사는 삶도 꽤 괜찮을 거라는 생각이 들었다. 그토록 도시 생활을 좋아했던 과거와는 달리 이제는 자연이 좋아졌다.

하늘을 빙빙 도는 새 한 마리가 보인다. 솔개였다. 우리나라에서는 멸종위기 동물로 분류될 만큼 청정지역에서만 서식하는 조류다. 이곳이 얼마나 오염되지 않고 깨끗한지 방증하는 듯하다.

저 멀리 보이는 망망대해의 잔잔한 수면 위로 마치 영화 속 한 장면처럼 네 대의 수상 오토바이가 바다를 가르며 달리고 있다. 이 드넓은 바다에서 자유롭게 달리는 낭만이라니. 그들을 바라보는 것만으로도 가슴이 벅찼다. 아름다운 자연과 공존하는 인간. 진정한 조화로움이다.

숙소로 돌아왔다. 역시나 뽀시래기들이 숙소 입구를 지키고 있다.

아까 준 간식 덕에 배도 불렀겠다, 낮잠도 잘 잤겠다, 녀석들은 즐거운 오후를 보내고 있었다. 하루 사이 익숙해졌는지 우리를 조금도 경계하지 않았다. 내 앞에서 몸을 길게 쭉 뻗더니 주변을 서성거리며 애교를 부리기 시작한다. 카메라를 빤히 쳐다보는가 하면 심지어 벌러덩 배를 뒤집어 까고는 눕기까지 한다. 그 모습을 보더니 경서가 말했다. 고양이가 배를 까는 건 자신의 모든 걸 다 보여주는 거라고. 그만큼 우릴 편히 여기는 모습이다. 이 조그마한 녀석들도 자신을 보살피고 먹이는 사람을 알아차리는구나. 한참을 녀석들과 교감하며 시간을 보냈다.

저녁에는 전날 방문했던 가정식 식당에 다시 갔다. 어제 또 오겠다고 사장님께 약속도 했거니와 숙소 근처에 이만한 식당도 없었다. 무엇보다도 일본 시골 마을의 온정이 가득 느껴지는 이 식당에서 어제 먹은 따뜻한 가정식을 꼭 다시 먹고 싶었다.

식당에 들어가자 아리가또 사장님은 단번에 우리를 알아보고는 반갑게 맞아주셨다. 주문한 메뉴는 함박스테이크 정식과 오므라이스. 역시나 의심할 여지 없이 신선하고 건강한 맛이다. 감사한 마음을 전하고 싶어 번역 앱을 켰다.

"저는 한국에서 왔어요. 오사카에서 한 달 동안 여행 중인데 이 식당이 가장 기억에 남을 것 같아요. 또 오고 싶어요!"

핸드폰 화면을 잠시 보더니 사장님은 이내 밝은 표정과 목소리로 "아리가또!"라고 답했다. 아까 산단베키에서 산 귤도 몇 개 전해드렸다. 더 좋아하신다. 그러더니 경서에게 일본어로 잠시 뭐라 하시는 듯했다. 경서는 잠시 듣더니 웃으며 나에게 말했다.

"나중에 오사카 다시 오면 또 놀러 오라고 하시네."

가게 문을 나서자, 사장님은 가게 밖까지 우리를 배웅해 주셨다. 그리고 내 어깨를 톡톡 치며 밝게 작별 인사를 해주셨다. 그 잠깐의 손길을 잊지 못할 것 같다. 말하지 않아도 교감하는 느낌이 이런 걸까. 어쩌면 이번 시라하마 여행을 관통하는 주제는 교감이다. 우연히 만난 고양이들과도, 이틀 내내 방문했던 식당의 사장님과도, 그리고 대자연과도.

시라하마에서의 마지막 일몰을 보러 다시 해변으로 갔다. 흐렸던 어제저녁과는 다른 풍경이다. 이때를 위해 오사카에서부터 챙겨온 돗자리를 펼치고 지는 해를 한참 바라보았다. 골든위크 이틀 차라 그런지 어제보다 더 많은 사람이 해변 곳곳에서 노을을 바라보고 있었다. 커플들도 보이고 어린아이와 함께 온 가족들도 보였다. 다른 한쪽

에는 20대 초반 정도로 보이는, 여럿이 온 친구 무리가 보였다.

그 친구 무리를 보니 문득 어린 시절이 떠올랐다. 고등학생 시절 방학이 되면 친구들과 바다에 가고는 했다. 부산에 살던 우리는 서울에서 관광객들이 잔뜩 몰려오는 해운대나 광안리에는 가지 않았다. 대신 송도나 다대포 또는 기장의 임랑 해수욕장같이 약간은 멀고 관광객들이 잘 찾지 않는 곳으로 떠났다. 어린 나이에 친구들과 어딘가로 떠나본다는 낭만이었다. 대학생 때도 그랬다. 첫차가 생긴 친구와 함께 강릉의 경포대나 서해안의 대천 해수욕장을 가는 게 남자들끼리 우정을 쌓는 방식이었다.

저들도 그런 소중한 추억을 쌓고 있겠지. 10년, 20년 뒤에는 지금 그리고 이 순간을 기억하겠지. 노을 지는 하늘과 노을빛 일렁이는 바다는 아름다웠다. 그것을 바라보는 그 청춘들도 아름다웠다.

시라하마에서 발견한 여행의 낭만

시라하마 셋째 날 : 힙스터 할아버지와 아르띠메또

이른 아침, 잠에서 덜 깬 채로 눈을 비비며 1층에 있는 목욕탕에 내려갔다. 별다른 추가 요금 없이 숙소 투숙객이라면 누구나 24시간 자유롭게 이용할 수 있는 숙소에는 운영하는 목욕탕이었다. 첫날 저녁에도 갔고 둘째 날 저녁에도 갔다. 허름하지만 이용객이 별로 없어 한적하게 하루를 마무리하기에 좋았다. 아쉬운 마음에 셋째 날 아침까지 일찍 일어나 탕에 몸을 녹였다.

일본에서 처음 가본 목욕탕인 만큼 우리나라와는 다른 점들이 눈에 띄었다. 하나는 좌식 문화였다. 일본 목욕탕에는 서서 사용하는 샤워기가 없다. 전부 좌식이다. 서서 씻는 게 익숙한 전형적인 한국 남자로서는 의자에 앉아 씻는 자세가 여간 어색한 게 아니었다. 덩치가 큰 아저씨도, 조그마한 꼬마도 들어와서는 죄다 조그마한 목욕탕 의자에 앉아서 몸 구석구석을 씻는 모습이 생소했다. 뭔지 모르게 여성스러워 보였다.

또 하나는 남자들도 탕에 입장할 때 중요 부위를 수건이나 세숫대야로 가린다는 점. 전부는 아닐 수 있으나 열에 여덟아홉은 그랬다. 사실 이런 건 어디서 누가 알려주지도 않는다. 그저 보고 따라 하는 수밖에. 여행을 다니다 보면 내 눈알은 요리조리 돌아가기에 바쁘다.

목욕을 마치고 산책하려고 숙소를 나섰다. 나오면서 자연스럽게 숙소 앞 고양이들을 찾았는데, 이럴 수가. 고양이들이 사라졌다. 잠시 어디 갔나보다 했다. 30분 정도 산책을 다녀왔다. 그래도 없었다. 설마 이제 다시 못 보는 건가. 발걸음이 쉽게 안 떨어졌다. 혹시나 먹을 것을 보면 다시 돌아오지 않을까 하고는 전날 사둔 사료를 입구에 두고 숙소로 다시 들어갔다.

아침을 챙겨 먹고 두 시간 정도 지난 뒤 체크아웃하며 숙소를 나왔다. 이제 못 보면 영영 볼 수 없는 거다. 마지막으로 기대하며 숙소를 나서자마자 고양이부터 찾았다. 여전히 없었다. 이곳을 떠나면서 당연히 마지막 인사를 할 줄 알았는데 그러지 못해 서운한 마음마저 들었다. 언젠가 다시 이 숙소에 온다 한들 녀석들을 볼 수 있을까. 불가능한 일이다. 이틀 사이 정이 들었던 아기 고양이들과는 그렇게 헤어지고 말았다.

시라하마를 떠나기 전 마지막으로 숙소 앞 로손 편의점에 들렀다. 2박 3일 머무는 동안 하루에 두세 번은 꼬박꼬박 갔던 편의점이다.

인생 첫 고양이 츄르를 산 편의점이기도 하다. 돌아가는 버스에서 먹을 간단한 간식을 사서 나오는데 편의점 주차장에 자동차 한 대가 들어온다. 시라하마에서 본 중에 가장 독특한 커스텀 카였다. 하나하나 직접 제작한 듯 자동차 외관은 무엇 하나 평범하지 않았다. 자동차를 좋아하는 사람이라면 누구나 꿈꿀 만한, 원하는 디자인대로 구현된 드림카의 모습이었다.

놀라운 건 잠시 뒤 내린 그 차의 운전자다. 아무리 젊게 봐도 칠팔십 대 정도로 보이는 할아버지였다. 요즘 말로 '할저씨' 같은 분이다. 청바지에 체크 남방을 입고는 스냅백 모자를 뒤집어썼고, 거기에 선글라스 하나가 멋들어지게 그 모자에 끼워져 있었다. 그에게서 시선을 뗄 수 없었다. 어떻게 저 나이에 저런 스타일을 입고 저렇게 멋진 차를 몰까. 흡사 유명한 연예인을 본 것처럼 할아버지와 차를 한참 쳐다보았다.

나를 의식했는지 할아버지는 내 쪽을 한번 슬쩍 쳐다보았다. 이때다 싶어 나는 할아버지를 향해 엄지손가락을 치켜세웠다. "할아버지, 정말 멋있으세요!"라는 진심이 담긴 따봉이었다. 할아버지는 그런 나를 보더니 씩 웃으며 엄지척으로 화답해 주셨다. 짜릿했다. 그건 완벽한 '쌍 따봉'이었다. 이윽고 그 차는 굉음 소리와 함께 편의점 주차장을 유유히 빠져나갔다.

오사카로 돌아가는 고속버스를 타기 위해서는 15분 정도 걸어 버스센터로 가야 했다. 가는 길에는 시라라하마 해변을 지나간다. 당분

간 오지 못할 시라라하마 해변을 마지막으로 눈에 담고 싶었다. 사진이라도 더 찍어두려고 해변에 다다랐다. 웬일인지 전날보다 사람이 훨씬 많았다. 그저 바다를 구경하는 사람들 말고도 해변 한쪽에 유니폼을 맞춰 입은 사람들이 보였다. 원반을 던지며 뛰어다니는데 그냥 원반던지기라기에는 무언가 규칙에 따라 경기가 진행되는 듯했다. 해변 곳곳에서 동시에 이 경기가 진행되는 모습을 보니 이건 일종의 대회라는 생각이 들었다. 이게 대체 무슨 스포츠일까. 모래사장 위에서 진행되는, 마치 풋볼 같으면서도 공이 아닌 원반을 던지는 이 게임이 무엇인지 궁금했다.

해변을 조금 더 걸으니 대회 운영진으로 보이는 사람들이 몇 있었다. 그들에게 이게 무슨 게임이냐고 물었다. 그들은 활짝 웃으며 말했다.

“비치 아르띠메또데스! (비치 아르띠메또입니다!)”

“아! 아르띠메또!”

일단 알아들은 척 끄덕이며 “아리가또 고자이마스!”라고 답했다. 그러고는 경서에게 물었다. “뭐라셔?” 경서도 잘 알아듣지 못한 눈치다. ‘비치(beach)’는 알아들었는데 ‘아르띠메또’는 뭐지. 포털에 검색해도 아르띠메또라는 스포츠는 없었다. 일본 고유의 스포츠인가. 순간 이게 어떤 영어단어인데 일본식으로 발음해서 못 알아들은 건 아닐까 하는 생각이 들었다. 번역 앱을 켰다. 그리고 일본어 음성인식으로 설정하고 버튼을 누른 뒤 “아르띠메또!”라고 말했다.

1초 정도 버퍼링이 생기더니 결과가 나왔다. 충격적이다. 바로 영어

'Ultimate'였던 것. 한국식으로 발음하면 '얼티밋'이나 '얼티메이트' 정도로 발음되는 그 단어를 '아르띠메또'라 발음한 것이다. '마끄도나르도(맥도날드)'와 '비끄방그(빅뱅)'에 이은 세 번째 충격적인 일본식 발음이었다. 경서와 나는 새어 나오는 웃음을 참으며 속으로 끅끅거렸다.

이날의 에피소드를 며칠 뒤 블로그에 올렸다. 며칠 뒤 어떤 분이 댓글을 달아주셨다. 6월에 시라하마에서 아시아권 얼티밋 대회가 열리는데 우리나라도 출전한다며, 시라하마 교통편을 알아보던 중에 내 글을 봐서 반갑다는 내용이었다. 한국에도 얼티밋 선수 활동을 하는 분들이 있다는 걸 처음 알았다. 여행을 다니다 보면 이처럼 몰랐던 세상을 만나게 된다. 새로운 눈이 뜨인다.

아르띠메또를 잠시 구경하다가 버스센터에 왔다. 버스를 기다리는데 한 입간판 위에 제비가 앉아 있다. 사람이 가까이 가도 전혀 경계하지 않고 그 자리를 지키고 있었다. 그 모습이 신기해서 사진을 연신 찍었다.

시라하마. 이곳은 도대체 어떤 곳인가. 여행 내내 고양이들과 교감했다. 청정지역에만 산다는 솔개도 보았다. 시라하마를 떠나는 순간마저 제비까지 보았다. 살면서 제비를 그렇게 가까이서 본 적이 있을까. 고양이들과 이틀 내내 교감했던 나는 그새 동물들을 보면 교감하고 싶은 마음이 생긴 듯했다. 제비는 우리가 버스에 탈 때까지 자리를 지키고 있었다. 제비의 환송을 받으며 모든 시라하마 일정이 끝났다.

불과 이틀하고 오전 반나절의 일정이었지만 시라하마는 그 어느 여행지보다도 설레는 추억이 가득하다. 여행의 낭만이 사라져가는 여느 관광지들과도 많이 대비되었다. 아직 외국인 관광객들의 발길이 많이 닿지 않은 일본 시골 마을의 순수한 감성이 남아있는 곳이었다. 화려한 휴양지도 아니고 흥미로운 볼거리나 먹거리가 있는 곳도 아니었다. 그런데도 시라하마는 여행 그 자체였다.

시라하마를 다녀오며 그동안 몰랐던 나의 취향을 몇 가지 알게 되었다. 하나는 자동차에 관한 관심이다. 시라하마에 다녀온 뒤 오사카에서도 길거리에 다니는 자동차를 이전보다 열심히 관찰하게 되었다. 더불어 자동차 장난감 브랜드인 토미카에도 관심이 생겼다. 길거리를 다니다 가챠샵이 보이면 자동차 가챠가 없는지 꼭 살펴보게 되었다. 덕후와는 무관하던 나는 자동차 덕질을 시작하게 되었다.

동물에 관한 관심도 커졌다. 앞서 말했듯 원래는 동물을 별로 좋아하지 않았다. 동물 특유의 냄새가 싫었고 근처에 오는 것도 싫어해서 멀찍이 떨어져 있고는 했다. 그랬던 내가 바뀌었다. 지나가다 고양이를 만나면 빤히 쳐다보며 생각한다. “저 녀석도 츄르를 좋아하겠구먼.” 영상을 보다가도 강아지나 고양이 영상이 나오면 한참을 쳐다본다. 이전에는 결코 있을 수 없는 일이었다. 친구들은 이런 내 모습을 보고 적잖이 놀랐다. 나만큼은 동물을 좋아하게 될 줄 몰랐다며. 사람 아무리 안 변한다 해도 이렇게 변하기도 하나 보다.

시라하마, 평생 잊지 못할 소중한 추억의 여행지가 되었다.

또 와야지. 안녕.

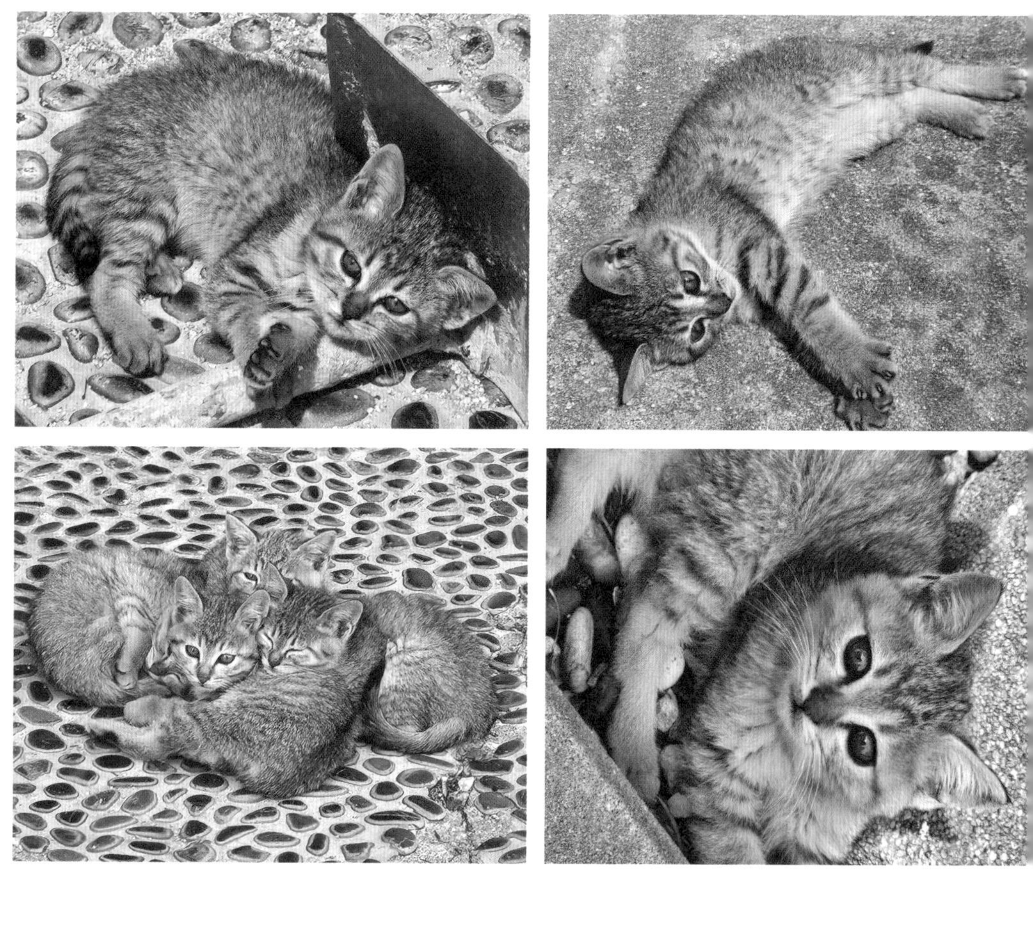

부러우면서도 샘나는 도시,
히메지

히메지 재즈 페스티벌, 히메지성

오사카 근교 여행지를 고르는 몇 가지 기준이 있었다. 하나는 한 달 살기처럼 시간적 여유가 있을 때가 아니면 가기 힘든 곳을 고르고 싶었다. 2박 3일의 일정을 계획하는 만큼 당일치기로는 다녀오기 힘든 조금 먼 곳으로 가고 싶었다. 동시에 한국에서 직항으로 쉽게 올 수 없는 곳이었으면 했다.

또 하나는 외국인 관광객보다는 현지인 위주로 찾는 여행지였으면 했다. 골든위크 기간에 일본인들이 국내 여행을 많이 다닌다는 이야기를 들었다. 기왕이면 여행지에서 그들을 많이 만나고 싶었다.

마지막은 일본 감성이 물씬 묻어나는 여행지였으면 했다. 교토나 나라와 같은 관광도시에서는 이미 예전과 같은 일본 특유의 고즈넉하고 한적한 분위기를 느끼기는 어려웠다. 이 분위기를 아직도 간직하고 있는 곳에 가고 싶었다.

오사카에서 서쪽을 살펴보니 이러한 여행지가 모여 있었다. 차로 1시간 반 정도 걸리는 '히메지', 히메지에서 다시 한 시간 정도 서쪽으로 더 가면 나오는 '오카야마'와 '구라시키' 등이다. 한 일정에 모아서 여행하면 좋은 동선이다. 가장 관심이 갔던 곳은 구라시키다. 인터넷에서 구라시키 미관지구의 사진을 보았다. 마치 교토처럼 옛 일본의 모습을 그대로 간직한 모습이었다. 히메지성과 오카야마성으로 유명한 두 소도시도 궁금했다. 일본에서 가장 아름다운 성이라 불리는 새하얀 히메지성은 일본 최초로 유네스코 세계문화유산에 등재되었다. 반면 오카야마성은 온통 새까매서 '까마귀 성'이라고도 불린다. 두 성을 비교해서 보는 재미도 있을 거라 기대했다.

골든위크가 끝나는 주말, 우메다에서 급행열차를 탔다. 한 시간 정도 달리면 히메지에 도착한다. 전철 창밖에는 시골 마을 풍경이 펼쳐진다. 시라하마 여행을 다녀오면서 일본 시골 마을에 대한 향수가 생겼다.

창문 너머로 풍경을 구경하다 보니 금세 도착한 히메지역은 많은 사람으로 북적였다. 대부분 한 손에 캐리어를 들고 있는 모습으로 봐서는 골든위크를 히메지에서 보내고 돌아가는 사람들 같았다. 역 한편에는 한 여자분이 역에 마련된 공용 피아노에서 즉흥 연주를 하고 있었다. 소도시 기차역에서의 피아노 버스킹이라니. 이번 여행의 시작도 느낌이 좋다.

숙소에 도착해 짐을 풀었다. 히메지성 외에는 별 계획이 없었기에 그때부터 구글 지도를 찾기 시작했다. 이번 여행은 대부분 그랬다. 큰 틀에서 어디를 갈지만 정하고는 세부적인 건 그곳에 가서 발길이 가는 대로 움직였다. 계획 없이 움직였을 때 우연히 생기는 일들이 더 놀랍고 짜릿했기 때문이다.

숙소 주변을 찾아보니 '컨벤션센터 아크레아 히메지(Convention Center Arcrea Himeji)'라는 장소가 눈에 들어왔다. 컨벤션 센터? 전시회장인가 싶어 혹시나 볼만한 전시회나 박람회가 있을까 홈페이지에 들어갔다. 그런데 이게 웬일인가. 마침 이날 컨벤션 센터 내 공연홀에서 '히메지 재즈 페스티벌'이 열리고 있었다. 아침 11시부터 시작해서 오후 5시까지 종일 진행되는 일정이었다. 시간은 마침 오후 3시를 넘어가고 있었다. 입장료는 천 엔. 잠시 고민하다 경서와 눈빛을 나눴다.

"갈까?"

"응, 가자!"

곧장 숙소를 나섰다. 지금 가도 천 엔에 한 시간 정도 공연은 볼 수 있으니 나쁘지 않다고 여겼다.

총총걸음으로 공연장까지 가면서 공연에 관한 정보를 더 살폈다. 알고 보니 이 페스티벌은 히메지 지역에 사는 학생 또는 성인들로 구성된 재즈팀들이 30분 단위로 돌아가며 공연하는 대형 페스티벌이었다. 즉 프로가 아닌 지역 아마추어들의 무대인 셈이다. 흥미로웠다. 더욱이 경서는 본래 실용음악을 전공했기에 더욱 관심을 가졌다. 본래 공연이든 전시든 잘 아는 사람과 함께 보면 더욱 그 경험이 풍성해진다.

공연장에 도착해서 접수처에 갔다. 직원들은 갑자기 온 우리를 보고 약간 당황한 듯했다. 그도 그럴 것이, 11시에 시작한 공연이 끝나

가는 마당에 막바지 한 시간 반 정도를 남겨두고 새로운 관객이 왔기 때문이다. 공연장에 들어가니 고교생들로 보이는 세 시 반 공연팀의 막바지 연주가 진행되고 있었다. 그래도 5시까지 두 팀의 공연을 더 볼 수 있으니 다행이다.

공연은 예상보다 수준이 높

았다. 도쿄나 오사카 같은 대도시의 재즈 페스티벌이라면 그러려니 했을 텐데, 히메지라는 작은 소도시의 아마추어 공연 수준이 이 정도라는 게 놀라웠다. 그것도 한두 팀도 아닌 열 개도 넘는 팀인데 말이다. 일반인이라면 쉽게 접하기도 어려운 색소폰이나 트럼펫, 심지어 퍼커션이나 콘트라베이스 같은 악기들도 수준급으로 다루는 모습이었다. 이들이 아마추어라는 게 더 멋져 보였다. 모두 본업이 있을 텐데도 이 정도의 실력을 갖췄다는 게 놀라웠다. 음악을 진심으로 사랑하는 그들의 마음이 느껴졌다.

관객들의 관람 태도도 흥미로웠다. 500명 정도 되어 보이는 관객들은 대부분 지역 주민으로 보이는 칠팔십 대 어르신이었다. 그들은 단순히 "동네에서 재즈 페스티벌을 한다고 하니 보러 가야지."하고 온 정도가 아니라 진정 공연을 즐기고 있었다. 재즈를 즐기는 어르신들이라니. 연주가 깊어지면 깊어지는 대로 연주에 몰입하고 신나는

부분에서는 함께 손뼉을 치며 호응하기도 했다.

한편으로는 부럽고 샘나는 마음도 들었다. 이게 일본의 문화 수준일까. 우리나라는 상대적으로 늦게 경제 발전을 시작한 탓에 우리 부모님 세대는 이러한 문화적인 혜택을 거의 누리지 못했다. 평생을 일만 하기 바빴고 성장을 위해서만 살아왔다. 우리가 지난 수십 년간 힘들게 사는 동안 이들은 이러한 풍류를 즐기고 있었다니. 더욱이 우리나라의 경제성장이 늦어진 건 일제 강점기 때문이라는 점을 생각하면 더욱 그렇다.

그러나 어쩌겠는가. 지금부터라도 이러한 문화예술을 즐기고 사랑하는 사람이 많아졌으면 한다. 흥 많기로는 전 세계 어느 민족에게도 뒤지지 않는 우리나라가 앞으로는 뛰어난 문화예술 강국이 될 거니까. 이런저런 생각을 하며 만족스럽게 관람했다.

무엇보다도 시라하마에서 그랬듯, 이 공연 역시 계획 없는 여행이 가져다준 선물이었다. 히메지에 와서 무얼 할지 하나하나 계획했다면 이 공연을 볼 수 있었을까. 계획대로 움직이느라 결코 보지 못했을 거다. 이번 여행에서 손에 꼽을 멋진 경험이었다.

반복되는 선물 같은 경험 속에 다시금 깨닫는다. 선물 같은 순간은 결코 우리의 계획 속에서만 나오지 않는다는 걸. 나는 원하는 방향으로 삶을 이끌어 가려고 부단히 애써왔다. 물론 삶은 어느 정도는 주도적으로 끌어나가야 할 필요도 있다. 그래야 우리의 삶을 경영할 수 있고 나쁜 선택을 피할 수 있으니 말이다. 그러나 때로는 흘러가는 대로 두는 게 나을 때가 있다. 한껏 움켜쥔 손의 힘을 풀 때야 비로소 그

손으로 다른 무언가를 쥘 수 있기 때문이다. 영화 평론가 이동진 님의 이 말을 종종 위안 삼아 되새긴다.

"하루하루는 성실하게, 인생 전체는 되는 대로."

저녁을 먹고 히메지성을 보러 갔다. 저 멀리서 새하얀 히메지성이 보였다. 정갈하니 참 예뻤다. 왜 일본에서 가장 아름다운 성이라 불리는지 알겠다. 다만, 해도 지고 날씨도 흐리다 보니 그 아름다움이 잘 드러나지 않는 듯했다. 그러던 찰나에 신기하게도 성의 하얀 외벽을 비추는 조명이 켜졌다. 시계를 보니 7시 정각이었다.

불이 밝게 들어온 히메지성을 더욱 가까이서 보고 싶어 성 앞으로 걸어갔다. 다른 사람들도 아마 이번이 첫 히메지 여행이었는지 연신 "에~ 스게! 스게!"라며 감탄하고 있었다. 이 아름다운 성을 처음 보는 사람이라면 누구나 "우와" 소리가 절로 나올 수밖에 없다. 하늘은 또 어찌나 아름답던지, 적당히 어둑어둑하면서도 짙게 푸른 하늘과 그 아래에서 새하얀 빛을 뿜어내는 히메지성은 완벽한 색의 대비를 이루었다. 날이 어두워지면서 하늘의 색깔은 시시각각 바뀌고 있었다. 그 아름다운 풍경을 바라보며 한참을 사진을 찍고 눈에 담았다.

• 히메지성

흰 외벽과 새의 날개 같은 지붕 덕분에 '백로 성'이라는 뜻의 '시라사키조(白鷺城)'라고 불리기도 한다. 현존하는 일본의 성 중 최대 규모다. 아름다운 외관과 달리 내부는 적의 침입에 대비하여 철저히 무장했다.

400여 년간 옛 모습을 그대로 간직한 역사적 가치 덕분에, 1993년에 일본 최초로 유네스코 세계유산에 등재되었다.

강렬했던
오카야마에서의 3시간

오카야마성, 붓카케 우동

전날 저녁부터 내린 비는 이튿날 아침까지도 계속되고 있다. 원래 계획은 오카야마에서 잠시 오전을 보내다 오후에 구라시키에 가려 했다. 그런데 궂은 날씨가 이어지는 걸 보고는 오카야마는 건너뛰고 바로 구라시키에 가서 여유롭게 시간을 보내야겠다고 생각했다. 그렇게 히메지역에서 구라시키로 가는 열차를 탔다. 한 시간 반 정도 시간이 흘렀다.

"이번 역은 오카야마, 오카야마역입니다."

창밖을 보았다. 신기하게도 비가 그쳐가고 있었다. 괜히 다시 욕심이 났다. 경서를 쳐다봤다. 시라하마로 가는 길에 갑자기 토레토레 시장에서 내렸던 것처럼, 우리는 다시 한번 눈빛을 주고받았다.

"내릴까?"

"응, 내리자!"

그렇게 계획 없이 내렸다. 여행에서 즉흥성이 가져다준 선물을 이미 여러 차례 맛보지 않았는가. 나름대로 자신 있는 결정이었다.

비가 언제 쏟아질지 모르니 오카야마에서 오랜 시간을 보낼 수는 없었다. 오카야마에서 가장 먼저 봐야 할 곳은 오카야마성이다. 오카야마역에서 10분 정도 노면전차(트램)을 타고 내렸다. 다시 10분 정도 걸으니 저 멀리 새까만 오카야마성이 보인다. 새하얀 히메지성이 고급스럽고 아름다웠다면 오카야마성은 다소 위압적이면서도 강인한 느낌이다. 영화 〈명량〉에서 일본 장수들이 입었던 갑옷과 투구가 생각나는, 지극히 일본스러운 비주얼이다.

일본을 여행하면서 유적지에 방문하면 어쩔 수 없는 반감이 든다. 역사적인 반감이다. 좋으면서도 싫은 애증의 감정. 우리나라에서 가장 가까운 이웃 나라, 일본에 대한 우리의 감정은 늘 그럴 수밖에 없는지도. 오카야마성 주변으로는 아사히 강이 한적하게 흘렀고 일본

의 3대 정원이라는 고라쿠엔 정원도 보였다. 그 아름다운 풍경을 보니 괜히 반감이 더 생기는 듯했다.

가까이 가서 보니 그 위세가 더욱 느껴진다. 새까만 외벽의 오카야마성을 누가 까마귀 성이라고 처음 불렀을까. 참 잘 붙인 별명이다. 우리나라와 달리 일본은 까마귀를 좋아한다. 우리나라에서는 까치가 길(吉)의 상징, 까마귀가 흉(凶)의 상징이라면 일본에서는 까마귀가 주로 좋은 의미로 사용된다. 배구 애니메이션 〈하이큐〉에서도 주인공 히나타가 속한 카라스노 고교 배구부의 상징은 까마귀(カラス, 카라스)다. 공교롭게도 까마귀 성의 처마 끝에 까마귀 한 마리가 성의 주인인 듯 앉아 있었다.

아침 일찍 나서느라 식사를 못 했다. 오카야마에서 점심을 해결해야 했다. 골든위크 연휴라 그런지 영업하는 식당은 별로 없었다. 급기

야 비는 다시 보슬보슬 내리기 시작했다. 비가 더 내리기 전에 서둘러 점심을 먹고 이곳을 떠나야겠다는 생각에 마음이 조급해졌다.

급히 지도를 찾았다. '사누키 오토코 우동'이라는 붓카케 우동 가게 하나가 영업하고 있었다. 붓카케 우동은 쉽게 말해 차가운 쯔유에 면을 찍어 먹는 냉우동이다. 몇 년 전 파주에서 붓카케 우동을 처음 먹어보고는 신선했던 기억이 났다. 뜨끈뜨끈한 국물이 매력적인 우동을 차갑게 먹는다니. 냉라면만큼이나 어색한 조합이다. 그러고 보니 정작 일본에 와서는 붓카케 우동을 먹어본 적이 없었다. 그때를 떠올리며 가게에 들어갔다.

이곳에서 먹은 우동은 이번 오사카 여행에서, 어쩌면 그동안의 일본 여행을 통틀어 먹은 음식 중에서 가장 맛있었다. 맛을 글로 표현한다는 게 참 어렵지만 한 번 표현해 본다.

일단 차가운 쯔유 소스는 달콤 짭짜름한 '단짠' 조화가 완벽했다.

약간은 자극적이지만 차가워서 그런지 전혀 거부감이 없었다. 고기가 함께 나오는 붓카케 우동을 주문했는데 함께 나온 고기는 부드러웠고 간도 적절했다.

붓카케 우동은 보통 튀김과 곁들여 먹는다. 일본은 어딜 가도 튀김은 다 잘한다. 역시나 바삭거리면서도 느끼함 없이 고소했다. 몇 가지 튀김이 함께 나왔는데 그중 간장에 절인 우엉을 튀긴 튀김이 별미였다. 짭조름하면서도 달콤한 우엉튀김은 그야말로 밥도둑, 아니 '면도둑'이었다. 어묵튀김도 색다른 맛이었다. 어묵이라는 것 자체가 원래도 튀긴 음식인데, 거기에 다시 튀김옷을 입혀 튀겨낸 방식이었다.

무엇보다도 하이라이트는 바로 면이다. 우동이라는 게 사실 면이 전부가 아닐까. 쫄깃하고 탱탱하면서도 너무 불지도, 설익지도 않게 적절히 익어 있었다. 밀가루 맛이 전혀 느껴지지 않으면서도 쯔유 소스를 찍을 때마다 충분히 머금어 조화를 이루는 맛이었다. 잊지 못할 붓카케 우동이었다.

붓카케 우동을 다 먹고 식당을 나섰다. 그전까지 보슬보슬 내리던 빗줄기는 더 굵어져 있었다. 마치 오카야마 여행을 위해 잠시 비가 멈춘 듯했다. 두세 시간 남짓한 오카야마에서의 시간은 강렬했다. 갑자기 내리게 된 오카야마에서 우연히 만난 아름다운 풍경들. 까마귀 성 처마 끝에 보란 듯이 앉아 있던 까마귀 한 마리. 우연히 찾은 동네 식당에서 먹은 인생 최고의 붓카케 우동까지. 이 계획 없는 즉흥적인 여행은 계속해서 뜻밖의 선물을 가져다주고 있다.

400년 전 아름다움을 간직한 거리

구라시키 미관지구

이름부터 강렬한 구라시키에서 가장 유명한 곳은 구라시키 미관지구다. '미관지구'는 도시의 미관을 유지하기 위해 법으로 지정된 지역을 말한다. 구라시키에서 일본 전통 가옥들이 모여 있는 거리를 미관지구로 정하고 보존하는 셈이다. 우리로 치면 북촌한옥마을이나 경주나 전주의 한옥마을과 같은 느낌이다.

굵어졌던 빗줄기는 조금 얇아졌지만 언제 비가 쏟아져도 이상하지 않을 흐린 날씨였다. 인터넷에서 본 구라시키 미관지구는 맑은 날씨에 훨씬 아름다워 보였기에 아쉬웠다. 흐린 날씨에 골든위크의 마지막 날이라 그런지 구라시키 역은 꽤 한산했다. 이제 막 관광객들이 빠져나간 듯했다. 이날 구라시키에 도착한 사람들은 우리를 비롯하여 몇 팀 없는 듯했다.

숙소에서 미관지구까지는 걸어서 15분 정도 걸렸다. 비를 피하려 상가 아케이드를 통해 걸어갔다. 연휴여서인지 아케이드 내부의 상가들도 대부분 영업하지 않았다. 걷다 보니 옛 가옥들과 함께 미관지구의 초입이 보였다. 경서와 나는 동시에 말했다.

"아무래도 구라시키가 이번 한 달 살기의 1등 같아!"

한적하고 고즈넉한 길거리. 관광지 같지 않게 현지의 느낌을 잘 유지하고 있는 상점들. 교토의 복잡한 산넨자카와 대비되는 모습이었다. 무엇보다도 사람이 많지 않아 좋았다. 오사카 한 달 살기를 하며 조금이라도 유명한 곳은 어디를 가든 빽빽한 인파에 시달려야만 했다. 그런데 이 예쁜 거리를 걷는데도 사람이 이렇게 없다니. 시야가 확 트이니 그렇게 쾌적할 수가 없다.

우리는 유럽 소도시의 구시가에 가면 낭만적이라고 느낀다. 몇백 년 이상씩 잘 관리된 건물들을 거리 곳곳에서 볼 수 있기 때문이다. 동아시아권의 건물들은 대부분 목조라 오랜 기간 보존되지 못하지만, 서양의 건물들은 벽돌 위주라 상대적으로 지금까지도 잘 보존되는 편이다. 그런 점에서 구라시키 미관지구의 건물들은 겉보기에는 목조 건물임에도 깔끔하게 잘 관리되고 있었다.

거리 역시도 마찬가지다. 모든 게 자동차 도로 중심의 효율성 위주로 지어진 현대식 도시에서는 쉽게 느낄 수 없는, 사람의 걸음 중심의 옛 마을 느낌을 간직하고 있었다. 언젠가 건축학자 유현준 교수님의 책에서 이런 내용을 보았다. '걷고 싶은 거리'라 함은 거리마다 오밀조밀 들어선 상점이 얼마나 많은지에 따라 결정된다고. 구획을 따라 쭉쭉 뻗은 강남의 테헤란로보다는 명동 거리가 낫고, 명동 거리보다는 더 오밀조밀 모인 신사동이나 성수동, 연남동과 같은 골목길을 따라 걷는 걸 사람들은 좋아한다는 내용이었다. 그런 점에서 구라시키는 '걷고 싶은 거리'였다.

길거리를 찬찬히 구경하며 걷다 보니 한 장소에 도착했다. 구라시키 여행을 찾아볼 때 사진으로 가장 많이 보았던 그 장소다. 강이라기에는 꽤 많이 좁은 구라시키 강변을 따라 잎이 무성한 버드나무를 비롯한 여러 나무가 우거져 있었다. 강을 가로지르는 작은 다리도 있었다. 다리를 오가는 사람들마저 그 풍경에 운치를 더했다. 정말이지 아름다운 곳이었다.

미관지구 입구에서부터 그곳까지 걸으며 여기 너무 좋다는 말을 몇 번이나 했는지 모르겠다. 시라하마가 이번 한 달 살기의 최고라 생각했는데, 다른 면에서 또 다른 최고는 구라시키였다. 비가 내리는데도 이렇게 아름답다니. 어쩌면 비가 와서 오히려 차분하고 한적한 풍경이 연출되는 듯하다. 강에는 백조 한 마리가 물 위를 유유히 떠다니고 있었다. 연신 사진을 찍어대는 사람들의 시선은 아랑곳하지 않은 채 백조는 마치 구라시키를 대표하는 모델처럼 물 위에서 도도함을 유지했다. 말 그대로 백조의 우아한 자태다.

다음 날 아침, 전날 내렸던 비는 완전히 멈추고 하늘은 맑았다. 체크아웃 후 다시 한번 미관지구로 향했다. 골든위크가 끝나서인지 전날에는 영업하지 않던 가게들이 문을 열고 있었다. 비가 와서 운행하지 않던 강배들도 영업을 준비하고 있었다. 시간이 된다면 나도 강배를 타고 유유자적 구라시키 강을 떠돌며 풍류를 즐겼을 텐데. 다음 날이면 한국으로 돌아가야 했다.

열 번도 넘게 온 일본 여행 중에서, 그리고 한 달간의 오사카 생활 중에서 구라시키는 가장 아름다웠던 곳으로 기억될 것 같다. 이곳만큼은 꼭 다시 오겠다고 다짐했다. 맑게 갠 미관지구의 아름다운 풍경을 한참 눈에 담고 또 사진에 담은 후에야 구라시키를 떠나는 발걸음을 뗄 수 있었다.

• 구라시키 미관지구의 유래

1600년대 에도 시대부터 구라시키는 중요한 무역항이었으며 특히 18, 19세기를 지나며 번영을 이루었다. 이에 따라 미관지구 곳곳에 물류를 수용하기 위한 창고가 들어서기 시작한 것이 현재 미관지구의 모습이다. 구라시키(倉敷)라는 지명도 '운하를 따라 들어선 창고'라는 의미에서 유래했다.
흰 벽과 검은 기와가 조화를 이루는 이 거리의 아름다움을 보존하고자, 1979년 전통적 건축물 보존을 위한 미관지구로 지정되었다.

2輪を除く
倉敷ゲゲゲの妖怪館

倉敷の酒
家伝酒
まぼろしの酒

살면서 한 번쯤은 끌리는 대로 살아보고 싶었다. 무언가를 이렇게 해야 하고, 저렇게 해야 한다는 엄격한 잣대에서 벗어나고 싶었다. 오사카에 한 달의 시간을 내어 간 건, 살던 대로 살지 않기 위한 결심이었다.

별 계획 없이 오사카로 떠났다. 무언가를 해야 한다는 압박을 느끼고 싶지 않아 계획도 거의 세우지 않았다. 내가 해야 할 일은 오로지 하나였다. 기록하는 것. 그때그때 얻게 된 정보와 느낀 감정을 메모하고 그 장소를 사진으로 남겼다. 발길이 닿는 대로 마음껏 걸었고, 멈추고 싶은 곳에서는 오래 멈추었다. 나는 정해진 대로 사는 게 편한 사람이라 생각했는데 아니었다. 나에게 필요한 건 자유였다.

그 과정에서 나와 대화하는 일이 많아졌다. "넌 이걸 좋아했구나. 아, 저건 너랑 맞지 않는구나. 너 저번에 그거 좋아하더니 이건 어떤 것 같아?"와 같은 질문을 끊임없이 스스로 던지고 대답했다. 새로운 환경에 계속해서 나를 노출했고 거기서 발현되는 나 자신을 바라보았다.

늘 효율과 가성비를 추구하던 내가 처음으로 비효율과 낭만을 찾는 여행을 했다. 이 시도는 성공적이었다. 이전보다 나는 조급해하지 않게 되었다. '아니면 말고' 식의 마음가짐도 생겼다. '이게 좋지만, 저것도 괜찮아'라는 포용력도 생겼다.

무엇보다도 기록하기를 좋아하는 나 자신의 정체성을 알게 되었다. 세상의 기준에 맞춰 경쟁하듯 살아가던 과거보다 글을 쓰고 사진을 찍는 지금의 내가 더 좋아졌다. 가끔은 여전히 불안하지만 하고 싶은 일을 하게 된 지금이 좋다. 한 달간의 오사카 생활을 통해 나는 나 자신을 더 깊이 만났다. 나는 이전보다 자유로워졌다.

앞으로도 여행하고 기록하는 사람으로 살아가고 싶다. 삼십 대 끝자락에 다녀온, 이번 한 달간의 오사카 여행은 그 시작이 되지 않을까.

Cruise Tickets

賃貸の ギャラン
5坪～200坪
大阪ミナミ中心 〜 関西一円
分譲 賃貸
マンション
レジャー ビル
賃貸・分譲のことなら
富士ホームサービス
0120・518・105
免税
ALL Tax Free
富士ホーム
焼肉 鶴橋
KOBE
Rigel
Welcome
ようこそ!

2輪を除く
マイクロを除く
7.30−20
30
寶壽山觀龍寺
GLOW HAND

公民館利用者以外
車ご遠慮下さい

한 달의 오사카

나를 찾아 떠난 일본 여행 이야기

1판 1쇄 인쇄 2025년 03월 13일

1판 1쇄 발행 2025년 03월 24일

지 은 이 김에녹
펴 낸 이 최수진

편 집 윤수경
디 자 인 cc. design

펴 낸 곳 세나북스
출판등록 제300-2015-10호
제 작 넥스트 프린팅

주 소 서울시 종로구 통일로 18길 9
전화번호 02-737-6290
팩 스 02-6442-5438
블 로 그 http://blog.naver.com/banny74
인 스 타 @sujin1282
이 메 일 banny74@naver.com

I S B N 979-11-93614-17-4 03980